C 씨쓰리 3

UP STYLE

CHUNG KU Publishing CO,.

C 씨쓰리 3 UP STYLE

머 리 말

현대 사회는 문화의 향상과 더불어 자기 표출에 대한 욕구가 증가되고 자신만의 개성을 강조한 다채로운 디자인이 요구되어지면서 다양한 자기 연출이 가능한 헤어스타일에 대한 관심이 더욱 높아가고 있습니다.

헤어 디자인 중에서도 업스타일은 여성의 아름다움을 창출하는데 중요한 수단이 되고 있음에도 불구하고 활용되어지는 범위가 한정되어져 있는 특성 때문에 많은 디자이너들에게 한계성을 느끼게 하고 가장 미흡한 것이 현실입니다.

따라서 본서에서는 현업에 종사하고 있는 미용인과 미용 관련학과 학생, 미용을 사랑하는 모든 분들께 업스타일 디자인의 기본 구성을 정확히 파악하고 분석하여 모발을 자유자재로 다루는 기술을 익혀 폭넓고 무한한 디자인을 창출할 수 있도록 하는 바람으로 미흡하나마 교재를 발간하게 되었습니다.

1장에서는 업스타일의 역사를 더듬어 보고 업스타일 개념과 조형원리 등을 통하여 기초적인 이해를 돕고자 하였으며, 2장에서는 시술에 필요한 구체적인 요소와 절차에 대해서, 3장에서는 스타일을 완성하기위한 기술적인 베이직 테크닉에 따른 기법들을 언급하였으며, 마지막으로 4장에서는 이론과 실기를 통한 다양한 업스타일 디자인을 폭넓게 실었습니다.

끝으로 부족한 졸고(拙稿)임에도 불구하고 이 책이 발간되기까지 정성을 다하여 원고를 다듬어주신 청구문화사 이 상태 사장님과 직원 여러분께 깊은 감사를 드리며, 늘 옆에서 힘이 되어주신 김영미 원장님, 바쁜 와중에도 메이크업을 도와준 사랑하는 나의 동생 문주, 모델에 흔쾌히 응해준 사랑하는 제자들에게 진심으로 감사를 드립니다.

2011년 8월

대표저자 이혜정

미용전공 대학생, 미용 아카데미 원생 및 미용 전문가를 위한

C 씨쓰리 3 UP STYLE

차 례

1장.

업스타일 디자인의 기본 요소

1. 업스타일의 정의와 개념

업스타일이란 사전적 의미로는 「여자의 결발의 한 형으로 머리를 위로 치켜 올려 목덜미를 드러내는 형식」이라 정의 되어 있다. 그러나 실제로 사용되어지는 의미로는 「머리를 빗어 올려 한곳에 모아 묶거나 핀으로 고정하여 두상에서 연출되어지는 모든 형태의 스타일」이라 할 수 있다.

문화의 향상과 더불어 인간에겐 다양한 미적 요구가 생겨났고, 자연적으로 다양한 디자인이 발행되며 선진사회로 발전하면서 생활의 윤택함과 여유로움으로 수준 있는 음악회나 파티, 간단한 모임 등 즐겁고 유익한 자리가 생활화되어 가고 있다. 따라서 기존에 한복이나 웨딩에서만 주로 활용되어지던 업스타일 디자인이 캐쥬얼 의상이나 정장에도 많이 활용되어 다양하면서 실용적인 업스타일 디자인을 선호하는 경향이 두드러졌다.

기술상 표현에 있어서는 헤어 자체의 질감만으로 표현하는 방법으로 단순화된 직선과 곡선으로 텍스쳐(texture)를 표현하며 땋거나 꼬기, 또는 컬을 이용하여 웨이브를 형성해서 부피를 가진 형태와 모양의 구성으로 다양한 업스타일 디자인을 창출한다.

업스타일은 하나의 머리를 가지고 단시간에 여러 스타일로 바꿔가며 연출하기 때문에 머리를 자르거나 펌을 하는 것과는 달리 다양한 스타일을 무궁무진하게 연출할 수 있는 영역으로, 헤어스타일에 대한 이해를 깊고 폭넓게 할 수 있으며, 미용을 배우고 사용하는 사람들에게는 헤어스타일의 다양한 세계에 보다 빨리 접근하게 해주는 동력이 된다.

그럼에도 불구하고 업스타일은 특성상 한정적인 공간과 시간에 활용되는 스타일이기 때문에 많은 디자이너에게 소홀히 다뤄지고 다른 영역으로 인식되어져 발전이 늦어진 것이 현실이다.

업스타일은 기술과 창작성이 함께 존재하고 요구되어진 분야이기 때문에 창의적 사고에 기초를 둔 예술성이라든지 디자인의 사고를 바탕으로, 기능이 우선 인 듯한 '미용사'의 선입견이 있는 호칭에서 '헤어디자인', '헤어아트'라는 의미로 다가가기 위해서는 '미'의 근본적인 '조형요소'를 이해하고 그 표현방법에 있어서도 그 동안은 반복된 오랜 숙련 끝에 얻어진 기술에 의해 기본적인 바탕이 이루어 졌다면 이제는 그 토대 위에 체계적인 원리와 조형감각의 이해를 통하여 보다 쉽고 다양한 업스타일 디자인을 대중화함으로써 고객의 요구를 폭넓게 수용할 수 있으며 디자이너의 감각을 자유자재로 표현 할 수 있는 분야가 될 것이다.

2. 업스타일의 역사

1) 한국의 역사

신석기 시대의 유적인 농포동 패총에서 사슴의 뿔로 만든 비녀가 출토되었으며, 청동기시대의 뼈 비녀와 초기 철기시대의 물소 뿔로 만든 비녀도 출토되었으므로 이때부터 업스타일의 유래를 추측할 수 있다. 삼한의 여자들은 머리를 얹고, 남은 모발을 늘어뜨렸으며, 말아서 뒤에 드리우기도 하였다.

고구려 시대에는 여자들이 가발을 사용하였음을 알 수 있으며, 벽화에서 고구려의 부인들이 가발을 이용하여 크게 얹은머리로 지위를 상징하고 있음을 볼 수 있다. 남자들은 외상투가 많았으며, 여자들은 얹은머리, 쪽진머리, 묶은머리를 하였다.

고구려 시대의 머리모양

백제 시대 부여의 성양리에서 은비녀가 출토되었고, 무령왕릉에서는 왕의 화려한 머리뒤꽂이가 발굴되었다. 미혼인 처녀들은 머리를 땋아서 얹고 한 가닥을 늘어뜨려 장식했으며 결혼을 하면 두 갈래로 나누어 위로 틀어 올리기도 하고, 머리를 땋아서 얹고 두 가닥을 늘어뜨리기도 하였다.

신라 시대의 고분에서는 검은색 칠을 한 나무빗이, 은령총에서는 비녀도 출토되었다. 부인들은 머리를 땋아서 감아올리고 비단과 구슬로 아름답게 장식하였으며 앞가르마를 똑바로 타고 뒤에서 틀어 쪽을 틀었다. 남자들은 정수리가 뾰족하게 솟도록 상투를 틀고 전발(단발)을 하기도 하였다.

통일신라 시대의 여자들은 당의 영향을 받아 의복과 머리 형태도 더욱 화려해지고 높아졌다. 이 시대의 머리형태는 오늘날까지 계속되어 이어지고 있다.

고려 시대에는 머리다발을 중간에 틀어 삼홍색의 갑사로 만든 댕기로 묶었으며, 비녀를 꽂으나 오른쪽 어깨 위에 닿을 정도로 늘어지게 쪽을 찌르고 나머지 머리다발 즉 머리꼬리는 아래로 늘어뜨리는 식의 머리형태를 볼 수 있다. 비녀의 머리 부분에 봉황 또는 닭머리 모양의 조각한 것이 있으며, 은비녀는 비녀머리에 옥으로 만든 꽃 모양을 붙여 장식하였다.

조선 시대 머리모양은 고려가 원의 풍속을 따르기 이전까지 전시대인 신라의 머리모양을 그대로 따랐던 것으로 조선조 역시 처음에는 고려의 풍속을 이어받아 부녀의 대표적인 머리형태는 트레머리라고 하여 쪽머리와 함께 조선 시대 대표적인 머리형태이었을 뿐만 아니라 우리나라 상고 시대부터 이어온 전통적인 머리형태였다.

얹은머리는 다래가 성행하였으며 이 다래를 사용하여 틀어 올린 머리는 더욱 크게 만들어 부를 나타내기도 하였으며, 큰머리는 얹은머리에 가발을 올린 형식이다.

여성들이 머리를 장식하기 위하여 사용했던 장식품에는 각종 비녀와 여러 가지 형태의 뒤꽂이, 궁중이나 상류층에서 사용하던 첨지와 떨잠, 그리고 머리를 수발하기 위한 댕기이다. 또한 궁중에서 왕비의 의식용 대례복 차림에 사용되었던 대수머리는 그 형태가 머리 정상에 고계를 만들고 그 밑으로는 좌우 어깨까지 내려오면서 A자형으로 펼쳐진다.

조선시대의 머리모양

개화기인 1930년대까지도 처녀들은 여전히 앞가르마를 타서 붉은 댕기로 땋은 머리를 하고 뒤로 늘어뜨렸으며 쪽을 지거나 얹은머리를 고수했다.

1950년대 후반 우리나라에 영화관이 여러 곳에 신축되었으며 이에 영향을 받아 여성들은 영화에 의해 외국의 패션을 받아들이게 되었다. 특히 영화배우의 스타일 중 햅번 스타일을 가장 많이 모방하였으며 지금까지 많은 여성들에게 사랑을 받아오고 있다.

1960년대를 기준으로 업스타일이 점차 유행하였으며 1970년대 이후 점차 퇴조하는 현상을 보이다가 최근 다시 우아하고 클래식한 여성미를 표현하는 기법으로 복고적인 경향과 더불어 다시 유행하고 있으며, 심플하고 발랄한 이미지를 담을 수 있는 업스타일 디자인이 다양하게 응용되어 젊은층에게도 많이 활용되어지고 있는 추세이다.

개화기의 머리모양

2) 서양의 역사

서양의 업스타일은 고대 피라미드의 형태나 돔 사원의 모양 형태에서 유래되어 왔다.

이집트인들은 빳빳한 헝겊으로 만든 피라미드 모양의 머릿수건을 사용했는데 이를 커어치프(kerchief)라고 하며, 왕이나 여왕이 뜬 커어치프를 크래프트(klaft)라 했는데 황금색과 청색의 줄무늬가 있다. 여성들은 가발로 작게 땋은 다수의 머리를 그들의 모발에 땋아 늘였다. 여왕이나 왕비는 신성시되었던 유테우스라는 뱀으로 장식된 금관을 썼다.

그리이스인들에게는 땋은 머리, 올림머리 두발을 리본으로 묶어 후두부에 돌출하는 형이 유행하였고 여언들은 앞머리를 곱슬거리게 컬을 하고 옆에는 작은 고리 모양을 만들었으며 뒷머리는 그대로 늘이거나 목에서 자유롭게 묶는 등 간단한 형태가 유행하였다. 부유한 여성은 금과 보석의 머리장식을 사용하게 되었다.

로마 시대의 머리모양은 가발과 땋은 머리를 사용하였고 얼굴 주위에 작은 곱슬머리를 만들어 솟아오르게 하고 뒷머리는 땋아서 늘어뜨리거나 둥글게 말아서 쌓아 올렸다. 멧사리 왕비 때에는 머리의 모양내기가 혼자서는 안 되어 머리 묶는 사람의 손을 빌어 몇 시간이나 걸려 '투투라스'라고 하는 형의 쪽으로 마무리 짓거나 얼굴의 둘레에 권모를 둘러싸거나 했다.

고대의 머리모양

비쟌틴 시대의 사람들은 머리에 터번이나 관을 써서 머리모양이 잘 나타나지 않았으며, 여성들은 베일을 쓰고 그 위에 밴드를 하거나 관을 썼다.

로마네스크 시대에 와서는 여성들은 주로 머리를 땋아 늘어뜨렸고 윔플을 썼으며, 여러 가지 색깔의 천을 섞어 땋아 리본으로 끝을 묶었다.

중세의 이탈리아에서는 머리털을 전부 드러나게 하여 머리에 꼭 맞게 묶고, 귀옆을 컬을 하고 뒤에 둥글게 복발을 붙였다. 후기 중세 시대의 의상으로 몸의 선을 중요시했으며 귀족사회의 여성들은 입궐용 대예복에 털을 가장자리 장식으로 많이 달았다. 헤닌(Hennin) 이라고 부르는 머리장식용 수건을 썼으며, 헤닌의 높이로 사회적 지위를 나타냈다.

14세기 고딕 말기로 갈수록 장식적으로 되었는데, 여성들의 머리장식의 가장 특징적인 것은 얼굴만을 보이게 하고 모든 모발을 숨기게 하는 원뿔 모양을 본뜬 모자인 에넹(hennin)이다. 에넹의 높이는 부에 따라 다양하였으며 베일로 더 높게 하기도 하였다. 귀족들은 하인들의 머리 손질을 받았다.

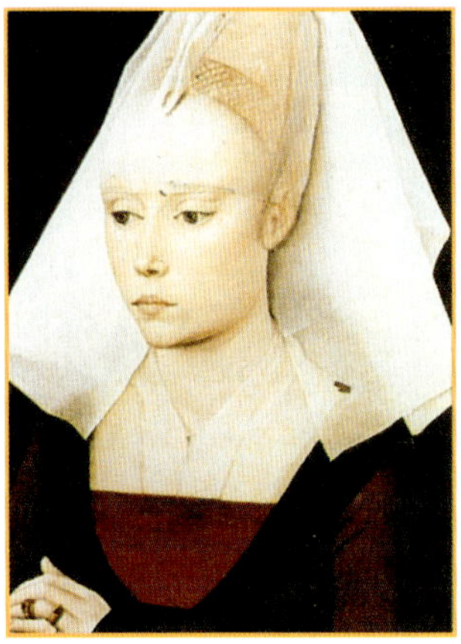

중세의 머리모양

르네상스 시대에는 머리 모양이 자유로워졌으며 모발은 귀를 가리거나 내놓으면서 조화 있게 흐름을 주면서 뒤로 끌어당겨 묶어 올렸다.

바로크 시대 여성은 머리를 높이 빗어 올려 자연스럽게 컬을 늘어뜨렸고, 루이 14세 때는 '퐁탕주'라는 머리장식이 유행했는데 이것은 철사틀에 얇은 린넨이나 레이스를 주름잡아 씌운 장식을 앞머리 부분에 층층이 탑처럼 올려 다이아몬드나 진주를 박은 핀을 꽂아 마치 부채를 편 것 같이 보이게 한 것이다

로코코 시대의 헤어스타일은 18세기 중반까지는 비교적 단순했으나 그 이후 커지면서 역사상 가장 거대한 머리 모양을 연출했는데, 머리모양이 예술적이고 환상적인 것의 극치에 이르게 하였으며 머리 모양이 높을수록 관심을 집중시켰다. 따라서 머리모양을 더욱 풍성하게 하기위해 철사, 밀가루풀, 포마드, 꽃, 화관, 리본 등 다양한 장신구들이 사용되었다.

나폴레옹 1세 시대인 엠파이어 시대에는 고대 그리스풍에서 찾고자 함으로써 장식의 화려함보다는 단순한 미, 자연의 미를 중시하게 된다. 기본 꽃, 장식 핀으로 머리 모양을 꾸몄으며, 고대 그리스풍에다 타조깃털을 붙여 클래식 효과를 주었다. 그리고 야외용으로 터번을 썼으며 수없이 많은 모자들이 유행하다 사라졌다.

근세의 머리모양

왕정복고 시대인 1815년~1849년에는 귀족풍의 양상을 되살렸고, 레이스, 리본 등의 화려한 장식으로 더욱 환상적인 분위기의 로맨틱한 경향을 띤다. 여성의 초기 헤어스타일이나 장식은 짧게 다듬은 머리와 조촐한 보닛 등이 주로 사용되었고, 중반부터는 모자의 챙이 넓어졌으며 아름다운 색상의 리본, 꽃, 깃털장식 등을 하여 여성다운 분위기를 표현했다.

나폴레옹 3세대에는 합성염료가 발명이 되었고, 여성은 붉은색 머리카락이 유행하였으며 머리를 어깨에 늘어뜨리거나 굵게 땋아 시뇽을 하거나 머리위로 높게 올려 꽃을 꽂거나 아름다운 빗과 핀 등을 꽂았다.

근대의 머리모양

3. 업스타일의 구성 요건

1) 이상적인 머리

업스타일 디자인을 완성하기에 이상적인 머리는 머리끝이 단면의 일자형보다는 적당히 층이 있어 붓끝처럼 자연스럽게 연결되어있는 것과, 생머리 보다는 약간의 펌 웨이브가 있는 것이 업스타일의 선과 면을 연출하기 쉽고 곡선적이며 여성스러움을 강조하는 업스타일 디자인의 특징을 잘 살릴 수 있다. 또한 머리 길이가 25㎝정도일 때 대부분의 업스타일 디자인을 아름답게 연출할 수 있다.

전체적으로 웨이브가 살아있는 펌 머리인 경우와 약간의 곱슬 기미가 있는 머리에는 쪽 시뇽이나, 땋기, 꼬기 등을 응용하여 간단하고 심플한 업스타일을 연출할 수 있다. 따라서 모발의 길이나 모질의 상태 등은 업스타일 디자인의 중요한 조건이 된다.

2) 펌과 컬러링

업스타일을 디자인 한 경우 면과 선의 아름다움을 어떻게 표현할까 하는 것이 포인트이다. 곡선의 흐름에 따라 깨끗한 면을 만드는데 있어서 머리가 흩어져서는 안 된다.

직모의 버진헤어일 경우는 부드러운 곡선을 연출하기가 어려우며, 강한 펌 웨이브가 되어 있는 머리는 깨끗하고 매끈한 면을 표현하기가 어렵다. 따라서 각각의 경우에 따라 셋팅이나 드라이를 이용하여 아름다운 업스타일을 연출하도록 한다.

컬러링은 그 사람의 개성을 표현하는 것뿐만 아니라 머리의 질감에서 얻을 수 있는 면의 매끄러움과 입체감을 잘 표현해주며, 무게감에도 관여를 하여 톤이 높은 컬러는 가벼움을, 톤이 낮은 컬러는 무거움을 느끼게 해준다. 업스타일 디자인에 있어서 토대와 볼륨의 컬러가 자연스럽게 연결되도록 해야 하며, 특히 피스 사용 시에는 본래의 모발과 피스의 컬러를 매치시키는 것이 중요하다.

3) 왁스와 스프레이

업스타일을 디자인 할 때, 왁스와 스프레이 선택이 중요하다. 왁스는 주로 헤어라인의 면을 정리할 때 사용하며 면 연결 시 머리가 흐트러지는 것을 방지하고 촉촉하고 윤기 있는 면을 완성하게 해준다.

스프레이는 면의 연결과 정리, 백콤의 고정, 볼륨, 형태의 고정 등에 사용되는데 수분이 많은 액체형의 초강력 스프레이 보다는 재수정이 가능한 미세한 입자의 스프레이를 사용하는 것이 기본이며, 지나친 스프레이의 사용은 딱딱하고 인위적인 디자인을 초래하므로 최소한의 스프레이 사용으로 최대의 효과를 얻을 수 있는 테크닉이 필요하다.

4. 업스타일의 조형적 표현에 따른 분류

1) 아트(art) 업스타일

각종 헤어쇼 또는 작품발표회, 전시회 등에 연출되어지는 업스타일 표현으로 모발이란 소재의 한계에서 벗어나 헤어피스, 자연물, 섬유류, 새의 깃털, 철사 등 다양한 소재를 이용하여 미술양식과 헤어스타일을 고찰하여 키치적 특성이나 꼴라쥬 기법을 반영하여 디자이너가 의도하는 내면을 창조적이고 독창적으로 표현하는 업스타일로서 예술성과 작품성이 특히 요구되어진다.

오리엔탈리즘

자연주의

초현실주의

2) 살롱(salon) 업스타일

일반적으로 미용현장에서 고객에게 이루어지는 스타일로서 대상자의 신체적 특징이나 모발의 상태(모질, 길이, 모량, 단차)또는 개인의 스타일과 취향, 업스타일을 하고자하는 목적 등을 파악하여 내 · 외적인 정보와 조형적 감각을 바탕으로 고객의 욕구를 충족시켜줄 수 있는 대중성과 실용성이 요구되어지는 영역이다.

한복

웨딩

파티

5. 업스타일 디자인의 조형 원리

업스타일디자인은 감각과 공식의 조합이다.

헤어 업스타일 조형에 있어서도 다른 디자인 분야와 마찬가지로 일반적으로 적용되는 디자인 원리로는 방향감. 강조. 비례. 균형. 조화. 대칭과 비대칭 등이 적용된다.

실제 적용 시에는 어느 한 가지가 강조될 수도 또는 어느 한부분이 다른 원리로 통합 될 수도 있는 명확히 구분 짓기 어려운 무한한 부분이다. 적절한 통일성과 변화를 가질 때 다수가 느끼는 아름다움으로 인식되어 진다.

이러한 디자인적 사고를 바탕으로 업스타일 조형은 반복된 훈련과 소재에 대한 정확한 인식에서 기술과 창조가 함께 공존한다.

1) 조형적 표현원리

(1) 반복(repetition)

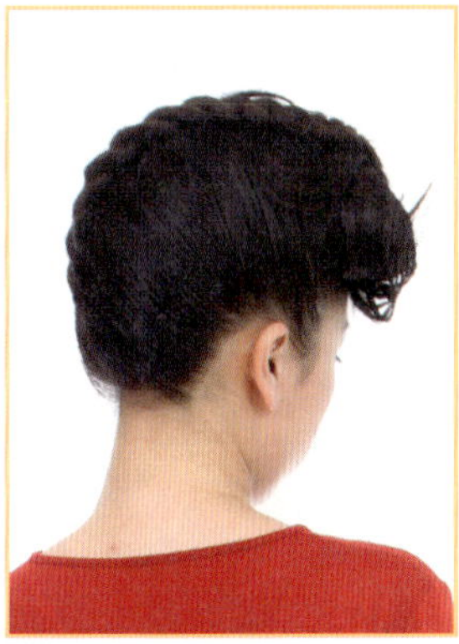

일정한 간격을 두고 되풀이되는 것을 말하는데 디자인의 원리 중 가장 단순하면서도 기본이 되는 것으로 그 방향효과는 반복적으로 사용하는 형체 쪽으로 시선을 유도한다. 반복은 규칙적 또는 불규칙적으로 적용되는데 같은 형, 같은 색상일 경우 지나친 반복에서 오는 통일감과 안정감은 느낄 수 있으나 자칫, 단조로움을 줄 수 있으므로 동적 변화를 찾아 시선의 이동을 주기도 한다.

(2) 율동(movement)

율동은 조직화된 운동감을 느끼게 하는 방향의 원리이며, 통일성을 전제로 한 동적인 변화이다. 헤어에서의 율동은 컬의 웨이브에 이미 규칙적인 강약이 연속되는 율동이 있다고 볼 수 있는데, 지나치게 많은 율동은 싫증을 유발하기도 하며, 율동이 너무 강조되는 것 보다는 은은하게, 또는 미묘한 강약을 주는 것이 업스타일의 우아함과 세련된 멋을 표현할 수 있을 것이다.

헤어 업스타일의 디자인 성향

① 헤어 자체의 고유 질감을 최대한 이용한다. 예를 들어 헤어를 꼬거나 땋거나 컬을 형성하여 부피를 가진 모양과 형태를 구성한다.

② 타인을 의식하는 성향보다 개인적인 취향에 따라 고유의 개성을 표현하려는 미적 욕구가 강하다.

③ 단순 명료한 절제의 표현이다. 헤어자체의 질감과 스타일을 결정짓는 형태에만 의존한다.

④ 피스, 리본, 레이스, 가발, 그 밖의 액세서리 등 타 재료를 이용하여 장식미를 표현 한다.

(3) 대비(contrast)

대비는 재질, 색 등을 다른 요소와 조화시킴으로써 분명한 차이를 나타내 주는 강조의 원리로 지루함을 배제하고 흥미로움을 유발시키는 강력한 힘을 발휘한다. 지나친 대비는 조화의 균형이 깨질 수 있으므로 주의해야 한다. 헤어의 재질과 대조되는 재질을 선택하여 장식한다거나, 꼬기, 엮기, 땋기, 망 등의 이용으로 형태와 질감의 대비로 시선을 집중시켜 강조를 유도할 수 있다.

(4) 강조(dominance)

강조는 특정한 한 부분을 드러나게 함으로써 그 외에 것은 강조되는 부분에 종속시키려는 성질을 가지고 있다.

업스타일 표현에 있어 강조는 강력한 집중력을 발휘한다며 단조로운 형태나 텍스쳐에 다른 성질의 것을 추가함으로써 균형, 조화, 통일감에 영향을 준다.

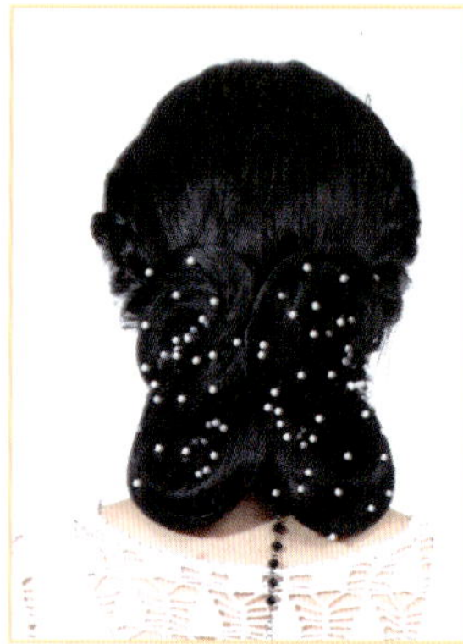

(5) 비례(proportion)

비례는 거리, 크기, 양 정도가 상대적인 관련성의 결과로 생기는 원리이다. 비례는 넓은 의미로 헤어의 양 및 부피 또는 장식적 요소간의 형상이 다른 부분과의 관련에 있어 균형, 조화를 이루냐의 문제이다.

얼굴형에 따른 비례 또는 의복과의 코디네이션에 있어 관련성이 있는지, 이루어진 형태가 크게 보이는지, 작게 보이는지, 장식적인 요소가 주는 느낌이 전체 이미지와 조화를 이루는 지가 분할과 공감각에 의해 고려되어져야 한다.

(6) 균형(balance)

균형의 성질에는 기본적으로 안정감을 유지하려는 성격을 띄며 일종의 시각적 무게의 동등한 분배에 대한 수평적 감각으로 평형, 안정감, 휴식감 등으로 표현된다. 균형은 위치상으로 수평적 균형, 수직적 균형, 방사선 균형으로 나눌 수 있고, 또 이미지에 따라 동적균형, 정적균형으로 표현할 수 있다.무게에 대한 균형이 깨졌을때 조화로움이 깨지고 불안정해 보인다.

(7) 조화(harmony)

조화는 부분들 상호간의 성질이나 수량상의 통일관계에 의해 쾌감을 이루는 것인데, 두 가지 이상의 서로 다른 요소가 분리 배척되지 않고 각 요소가 통일감으로 감각적 효과를 발휘하는 미적현상으로서 감각, 분위기, 표현 방법 등이 일치감 있는 유사성 등으로 서로 충돌되지 않는 느낌, 즉 상호 소속되는 느낌을 주는 원리이다.

헤어에서는 기법의 통일성 또는 장식물에 통일성을 줌으로써 조화를 이룰 수 있으며 색과 재질에도 영향을 받는다.

(8) 대칭과 비대칭(symmetry, asymmetry)

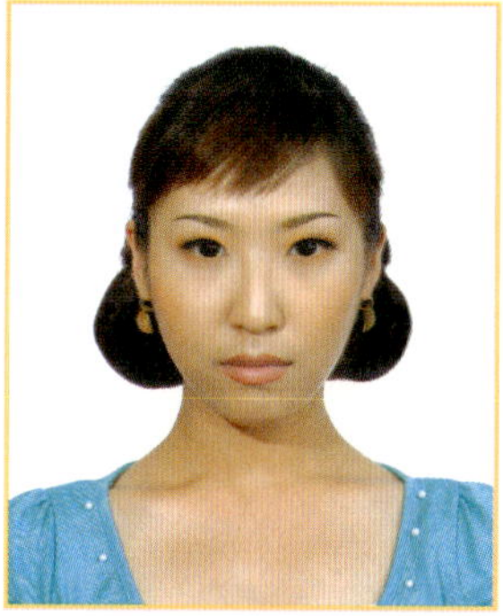

대칭

비대칭

① 대칭 – 가장 정형적인 구성형식이며, 균형이 잡힌 형태로서 구성의 중앙을 지나는 선을 축으로 양쪽에 있는 부분이 똑 같은 형으로 배치되어 업스타일에 있어 대칭의 균형을 이룬 구성은 안정되고 위엄이 있으며, 정적이고 편안해 보이는 경향이 있다.

② 비대칭 – 한 형태의 양쪽이 서로 다른 모양이지만 시각적 무게를 갖고 있어서 보는 사람에게 변화 있는 형태로서 안정감을 주며, 개성적인 감정을 느끼게 한다. 비대칭 또는 부정형의 균형이 가지고 있는 다양성은 정형적인 균형보다 훨씬 매력적이고 세련되고 은밀한 신비로움을 준다.

(9) 컬러(color)

컬러는 빛의 반사로 인해 디자인의 면적, 깊이, 질감의 착시현상에 영향을 주는 요소이다.

머리 전체의 형태 또는 그 머리 형태의 어느 한 부분에 시선을 집중시켜 줌으로써 방향감을 주고 머리의 질감을 강조해준다. 어두운 모발색은 형태의 모양에 먼저 시선이 가도록 하며 밝은 색상이 어두운 모발 색상과 함께 있으면 밝은 톤은 앞으로 돌출되어 보이고, 어두운 톤의 색상은 후퇴해 보인다. 밝고 대담한 컬러는 어떤 디자인의 특정한 부분에 흥미를 주고 주의를 집중시킨다.

업스타일 디자인은 주어진 색상 내에서 디자인하기 때문에, 이 색상이 마지막 디자인에 끼치는 영향을 고려해야 한다.

2) 형태(form)에 의한 표현

업스타일에서 형태란 전체적인 윤곽선이나 실루엣의 형체를 말할 수 있으며, 형태는 모양, 크기, 방향으로 이루어져 있으며, 이 구성 요소들은 업스타일 디자인 연출시 대상자의 얼굴형, 체형 등과 중요한 상관관계를 가지고 있으므로 형태의 분석이 이루어져야 한다.

(1) 형태(form)

원형 실루엣을 기초로 이해

	보수적 / 샤프함	혁신적 / 샤프함	보수적 / 부드러움	혁신적 / 부드러움
형태 (FORM)	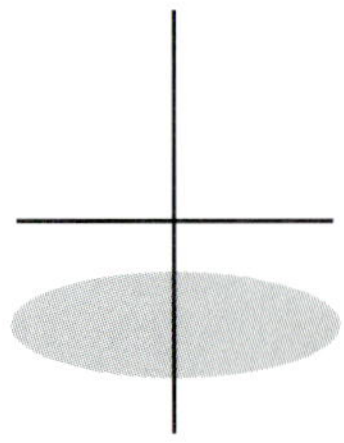	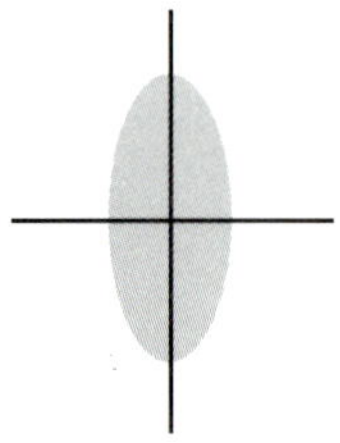	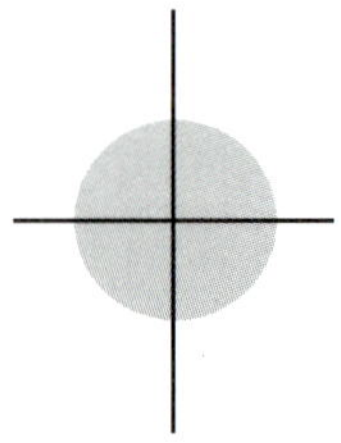	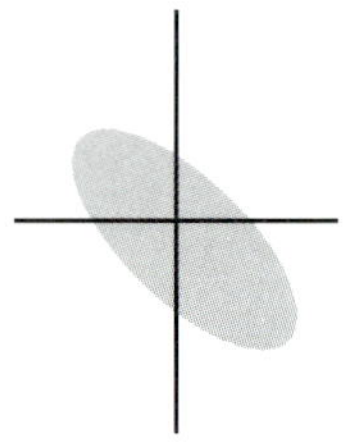
원형 실루엣의 특징	안정감	불안정감	균형있는 안정감	극단적, 불안정감
디자인		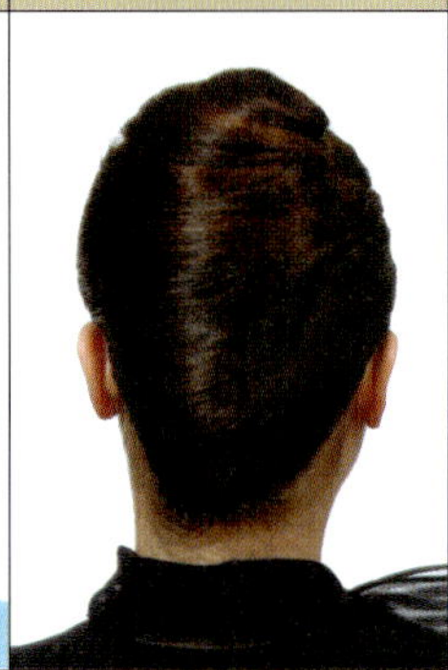	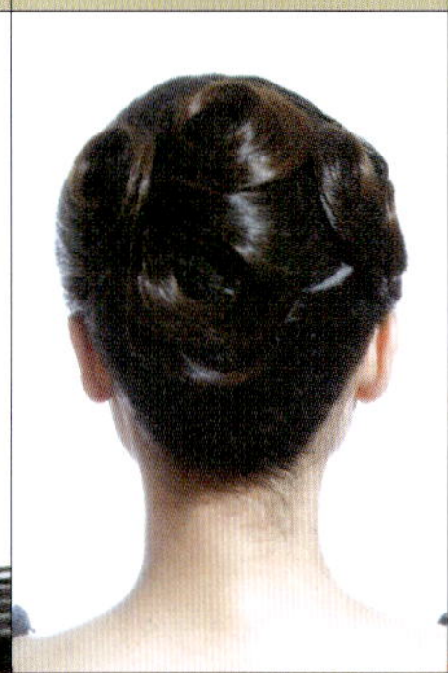	
이미지	차분함, 안정감	예리함, 대담함	온화함, 부드러움	대담함, 화려함

(2) 볼륨(volume)

업스타일 완성 스타일에서 형태의 크기는 작은 것이라도 더 작은 것에 비교해 보면 크게 보이고, 큰 것은 더 큰 것과 비교하면 작게 느껴진다. 즉 업스타일 볼륨의 크기에 의해 얼굴과 두상의 크기를 달리 보이게 할 수도 있다.

3) 텍스쳐(texture)에 의한 표현

업스타일에서의 텍스쳐의 개념은 땋거나, 꼬기, 또는 컬을 이용한 웨이브, 뱅 등의 외적 표현요소들이 형태와의 결합을 의미한다. 텍스쳐의 요소로서 머릿결이 매끄럽다든지, 거칠다든지, 머릿결의 방향이 직선적인지, 곡선적인지, 가벼운지, 무게감이 있는지 등이 모발이라는 하나의 소재가 각기 다른 텍스쳐로 표현됨으로서 다양한 이미지의 변화를 볼 수 있다.

질감	땋 기	고리형 롤	시 뇽
디자인			
특징	무거움, 딱딱함	무거움, 부드러움	무거움, 정돈됨
이미지	이국적, 민속적, 소녀적	귀엽고 사랑스러움, 여성적이고 감성적	여성스러움, 소극적, 젊은, 안정적
질 감	**S컬**	**C컬**	**트위스트 컬**
디자인		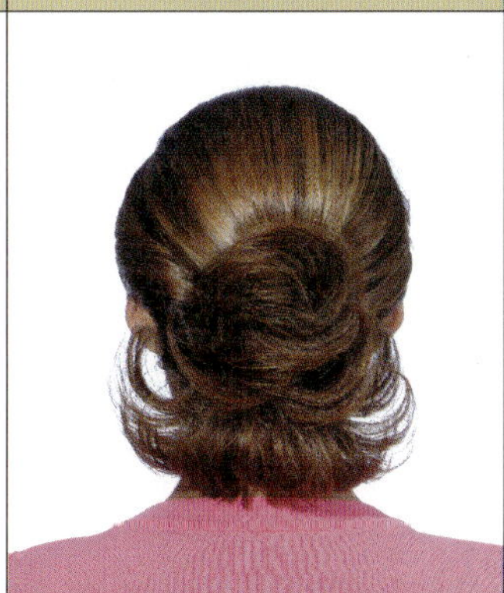	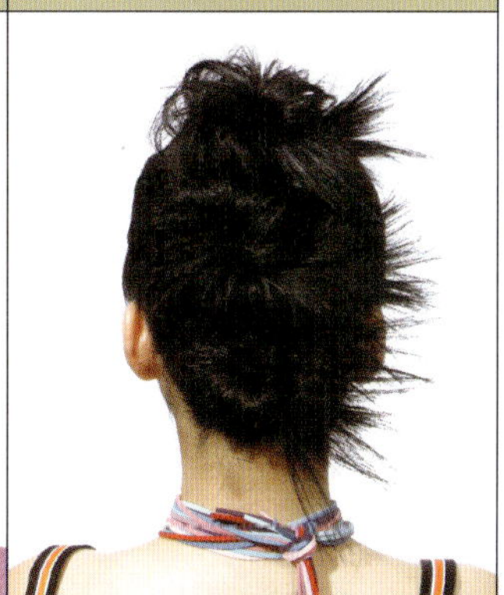
특징	가벼움, 율동감, 부드러움	샤프함, 율동감, 방향감	가벼움, 속도감, 율동감
이미지	우아함, 여성스런, 성숙한	심플한, 여성스런, 명랑한	발랄한, 세련된, 활동적

2장.

업스타일 시술과 절차에 따른 요소

1. 빗과 브러쉬(comb & brush)

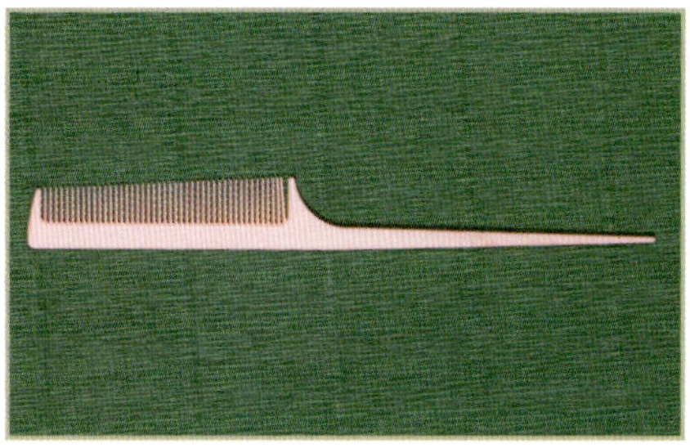

1) 꼬리빗(duck tail comb)

업스타일 시술시 많이 사용되는 빗으로 브로킹, 섹션, 스트랜드정리, 백콤 등의 작업에 사용되어진다.

2) 스타일링 콤(styling comb)

백콤을 넣을 때나 볼륨감 있는 컬의 형태를 잡을 때, 특히 앞머리의 플러프뱅을 스타일링 할 때 사용된다.

3) 쿠션 브러쉬

두상의 곡면을 따라 텐션을 균일하게 넣을 수 있고 많은 모량을 컨트롤하거나 넓은 면에 사용되어 스타일을 형성하는 큰 흐름을 만드는 데 사용된다.

4) 브러싱 브러쉬

텐션을 약하게 주어 사용하며 면을 끌어 모을 때, 백콤을 정리할 때, 뱅을 만들 때 사용되어진다. 특히 백콤 후 표면을 정리할 때는 브러쉬의 방향을 위로 걷어떠서 브러싱해야 한다.

2. 업스타일디자인 프로세스

1) 스타일 과정

헤어스타일의 구체적인 디자인 작업의 기본적인 기술과정은 셋팅, 브록팅, 백콤, 토대, 핀고정, 볼륨연출 등이 있으며 이를 실행하기 위해 고려되어야 할 요소는 체형, 의상, 얼굴이미지, 유행패턴과 취향 목적 등이 있다. 따라서 헤어업스타일은 각 개인의 종합적인 요소를 반영한 헤어디자이너의 창작활동의 결과물이며 아래와 같은 과정을 거치게 된다.

헤어업스타일을 만드는 방법은 동양이나 서양에서 오래된 역사를 가지고 있으며, 그 원인은 생활의 활동적 필요에 의해서이다. 즉 생활을 위한 활동에 불편하지 않게 하기위해 긴 머리를 매거나 묶는 것에서부터 시작되었다. 거기에 문화의 발달과 함께, 미적 행위를 통한 욕구가 부각되어 각양각색의 헤어디자인이 발생되어 왔으며 업스타일링의 기본 디자인 요소는 웨이브, 스트레이트, 꼬기, 매듭, 겹치기, 땋기, 고리, 말기, 시뇽 등이 있다.

2) 제작과정

(1) 욕구과정

고객이 미용실을 방문을 하고자 하는 일, 고객이 어떤 스타일을 희망하는가라고 하는 욕구점을 제 1로 인정하지 않으면 안 된다. 이것을 제 1과정 즉, 욕구과정이라고 부른다. 이 과정이 없으면 디자인은 생기지 않는다. 이 제 1의 과정을 이해하는 정도가 깊으면 깊을수록 정확한 헤어스타일이 완성된다. 제 1과정의 이해도가 낮으면 낮을수록 고객의 욕구를 충족시키지 못한다.

(2) 조형과정

디자이너는 필연적인 요구에 따라서 디자인을 생각하게 된다. 제 1의 단계에서 고객의 희망과 디자이너로부터 어드바이스를 종합하고 이미지를 구체적으로 성장시켜 그 형이나 사용기술, 사용재료를 시각화 한다. 이를 조형과정이라고 한다.

① 디자인적 사고방식

첫째, 조건적 창의력을 들며 디자이너는 과학자들의 '왜' 보다는 '무엇' 이라는 질문에 더 관심을 가지며, 과학적 창조성을 보완하지만 디자인 창조성은 단순히 발명보다는 많은 것을 포함해야 한다.

둘째, 비관적, 비판적인 분위기에서는 창조적인 생각이 어려우므로 디자이너는 요구에 대한 긍정적인 태도, 즉 단련된 낙천주의를 가져야 한다.

셋째, 광범위한 지식기반이 있을수록 창의적 영감을 얻을 확률도 높아지므로 디자이너는 디자인 과정에서 전문가이자 가능한 많은 분야에 대한 지식을 가지고 있는 제너럴리스트(generalist)가 되어야 한다.

넷째, 언어를 효과적으로 활용할 수 있는 능력이 필요로 한다. 즉 시각적 언어는 콘셉트(concept)를 표현하거나 복잡한 현상을 본질로 함축해서 보여주는데 사용할 수 있는 데 반하여, 창조과정에서 설명이 필요할 때 사용하여 디테일이 부족할 경우 이를 보완해주거나 표면적으로 보이지 않는 관계를 표현할 수 있는 구두 언어의 중요성을 말한다.

② 디자이너 능력

첫째, 디자이너는 감성이 예민하고 풍부한 사람으로 새로운 센스, 기발하고 독창적인 발상을 가진 사람으로 감성이 예민하게 발달되어야 한다.

둘째, 표현력은 디자이너에게 있어서 기본적으로 필요한 능력이다. 표현력이 부족해서는 풍부한 감성을 표현하기가 힘들어서 호소력이 떨어지게 된다. 따라서 디자이너는 자신의 분야에 기본적인 기술을 바탕으로 다양한 분야의 기술과 표현방법을 숙지하고 있어야 한다.

셋째, 지식을 바탕으로 분석하고 분석되어진 자료와 정보들을 바탕으로 구성하는 능력을 말하는 것이다. 디자이너는 사람을 설득시켜야 한다. 시장분석과 사용자 심리, 재료, 생산기술 등 이론적인 사고와 판단을 필요로 한다.

넷째, 조형과정에는 둘을 생각할 수 가 있다. 하나는 미완성인 계획과 감각을 갖고 일을 계속해 나가며 제작과정에 직면하여 미결정적인 부분을 하나하나 결정하면서 디자인을 결정해 나가는 방법이다.

그때 그때의 사정에 의해서 시각적인 외형을 결정하여 도형화 하는 것이나 형이 도형화 되는 경우에 조형상의 기술적인 문제나 사용재료의 문제 등을 충분히 고려하고 상세히 구체적으로 표시 되어 있는 완전한 것이 아니면 안 된다. 헤어스타일에 대한 상당한 지식과 경험이 필요한 것이다.

③ 얼굴의 비율과 인상과의 관계

헤어스타일의 아름다움은 단순히 두부(두발부+안면부)에 한정되지 않고 인체 전체의 유기적인 작용과도 관련이 있다. 얼굴의 특징은 헤어 · 메이크업에 크게 영향을 주므로 우선 모델의 얼굴을 분석하는 것이 우선이다. 그래서 이상적인 얼굴 비례를 비교하고 대조하며 얼굴비례를 나눈다.

아래 그림 1의 경우 모델의 눈 위치는 높아 어른스러운 인상이다. 그림 2처럼 헤어스타일을 바꾸어도 인상은 변하지 않는다. 그림 3처럼 헤어스타일을 바꾸고 이상적인 얼굴의 눈 위치와 같도록 눈 위치를 중심에서 아래로 하면 젊은 인상이 된다. 이처럼 눈의 위치를 바꾸어 봄으로써 젊음, 어른스러움, 우아함을 강조할 수 있다.

④ 기초평면의 내면성

헤어 · 메이크업의 디자인이 들어가는 두부의 크기를 기초평면이라고 한다. 칸딘스키에 따르면 기초평면은 나름대로의 내면적인 감정을 갖고 있다. 즉 세로로 긴 장방형의 기초평면은 온화함, 고양감, 가로로 긴 경우는 냉정함과 평범한 느낌, 정방형의 경우는 온화함, 냉정함의 두 감정을 갖고 있다.

<두부의 분석(모델의 특징 파악)>

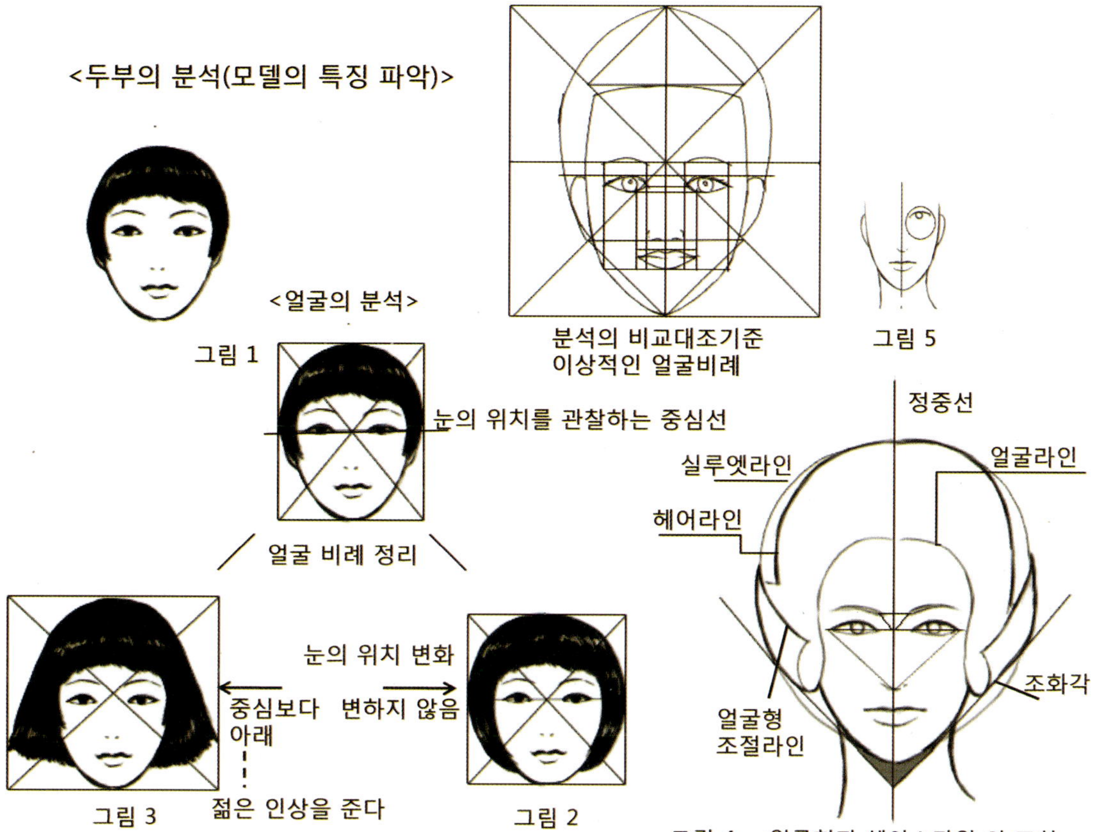

그림 4 <얼굴형과 헤어스타일 의 조화>

그래서 정방형이 가장 균형을 이룬다고 한다. 장방형의 기초평면을 갖는 그림 1의 헤어스타일을 바꿔 그림 3처럼 기초평면을 정방형으로 하면 안정된 인상을 준다. 기초평면의 내면적인 감정을 바탕으로 얼굴 비율을 정돈하고 헤어라인과의 유기적인 작용을 조형적으로 통일시킴으로써, 얼굴의 특징과 헤어스타일의 조화 및 균형을 유지해 보편적인 미를 살려 개성미를 표현할 수 있다.

⑤ 얼굴형과 헤어디자인 조화

헤어스타일을 구성하는 대표적인 요소는 실루엣과 얼굴 주변을 감싸는 훼이스 라인이 있다. 실루엣은 헤어커트 스타일의 바깥쪽의 형을 담당하고 훼이스 라인은 헤어커트 스타일의 안쪽의 형을 담당한다. 이 두 가지가 두상의 골격이나 눈, 코, 광대뼈, 입, 턱이라는 얼굴을 만드는데 인상에 맞혀서 변화를 줄 수 있다.

실루엣을 조절하는 라인을 설정하는 경우는 골격이나 얼굴 중의 포인트가 되는 점을 의식하는 것이 용이 하다.

(3) 소재과정

헤어스타일 완성시키는 소재라고 해도 머리만은 아니다. 먼저 진술한 손님의 정보 즉, 생김새, 생활환경, 연령, 기혼 등 모든 조건을 알면 알수록 상상력은 보다 뛰어난 것이 된다. 소재는 무시하여 생각대로 할 수는 없다.

① 고객에 대한 시각적 정보〈외적정보〉

a. 모발상태 : 헤어에서의 소재(모발)은 기본적으로 제한된 신체의 일부이며 내가 아닌 타인이다. 특히 살롱에서 행해지는 업스타일 디자인은 고객이 기존에 가지고 있는 모발상태에서 표현되어지기 때문에 그 소재가 더욱 더 한정이 되어 있어 제한을 받는다. 따라서 창조의 폭이 좁은 만큼 소재의 관찰이 필수이다.

▶ 모발의 길이, 모량, 모질, 단차, 두상의 골격, 페이스라인의 모량 등 파악

b. 신체적 특징 : 우리나라 미용문화의 기술적인 형식이나 테크닉은 선진외국의 교육프로그램을 받아들이고 모방하여 많은 미용인들에게 전수되어진 사례가 많다. 하지만 외국과의 환경적, 정서적 등이 차이, 특히 신체적 특징과 얼굴의 윤곽, 모질의 차이 등을 나타내듯이 이러한 점을 고려하여 디자인이 완성되어져야 한다. 특히 업스타일 같이 얼굴의 형태가 그대로 드러나는 디자인의 경우, 얼굴의 결점을 커버하고 장점을 돋보이게 할 필요가 있다.

▶ 얼굴형, 이마, 눈의 크기, 목선, 어깨선, 체격 등 파악

c. 메이크업 : 메이크업 패턴과 색상 등을 파악하여 목적에 따른 메이크업과 헤어 디자인을 조화롭게 연출한다.

d. 패션 : 헤어 디자인은 토털 패션의 하나의 요소로서 의상과의 매치도 필요하다. 의상의 색상, 디자인을 고려하여 디자인 한다.

② 상담을 통한 정보〈내적 정보〉

a. 원하는 이미지와 취향 : 여성은 누구나 아름다워지고 싶은 생리적 욕구를 통해 자신이 추구하는 이미지와 좋아하는 취향을 가지고 있으며, 각각의 요소들이 고객 개개인마다 다르게 나타난다. 따라서 충분한 대화를 통하여 고객의 욕구를 파악하여야 한다.

b. 목적 : 헤어커트, 퍼머넌트, 컬러, 헤어 스타일링은 모발의 정리, 기분해소, 미적욕구, 특정한 목적 등에 의해 인간에게 행해지는 표현수단이다. 따라서 정서적인 부분, 목적 등을 고려하여 헤어디자인이 연출되어져야 한다.

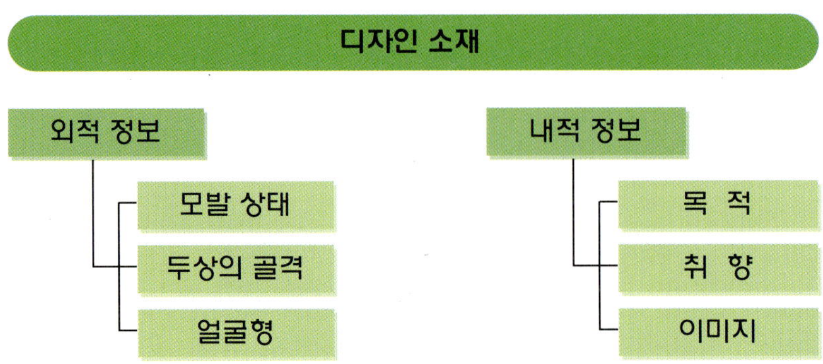

(4) 기술과정

헤어디자인의 조건이 결정되면 거기서부터 기술 및 그것에 필요한 도구가 결정된다. 커트, 컬러, 펌, 스타일링 등 필요한 항목이 암시되어 도구를 명확하게 해준다. 도구의 사용상의 개성, 즉 특징을 가지고 있다.

이와 같이 욕구과정, 조형과정, 소재과정, 기술과정은 헤어디자이너가 디자인하는 경우 항상 존재한다. 헤어디자인이라 함은 이 4개의 과정이 제시하는 문제를 해결하는 일이다. 제 1 과정을 만족시켜 그 소재가 기술적으로 처리되어 최후에 아름답고 더구나 경제적으로 창조된다면 우리들은 그것을 뛰어난 디자인이라고 한다. 이것이 사람들의 생활에 기쁨을 주고 지속적 미를 갖게 하는데 더 할 말이 없기 때문이다.

(5) 볼륨 위치와 이미지와의 관계

업스타일 디자인에서 이미지 변화에 가장 크게 좌우되는 것이 두상 내에서의 볼륨의 위치로서 모양, 크기와 함께 얼굴과의 상호조화에 영향을 미친다. 또한 얼굴형뿐만 아니라 장소와 목적, 의상등과의 조화에도 필요로 하는 요소이다.
볼륨의 위치가 위로 올라갈수록 화려한 이미지를, 아래로 내려갈수록 성숙한 이미지를 나타낸다.

① 프론트의 볼륨 : 화려, 명랑, 관능미(이브닝 파티 장소에 적합)
② 탑의 볼륨 : 열정, 화려, 섹시, 적극(신부, 이브닝 파티 장소에 적합)
③ 골덴의 볼륨 : 젊음, 유연, 명랑(신부에 적합)
④ 백의 볼륨 : 안정, 보수, 온화, 자의(무용수에 적합)
⑤ 네이프의 볼륨 : 정숙, 성숙, 차분, 여성스러움, 엄숙
(한복, 약혼, 교회 · 성당의 결혼식에 적합)

프론트의 볼륨

탑의 볼륨

골덴의 볼륨

백의 볼

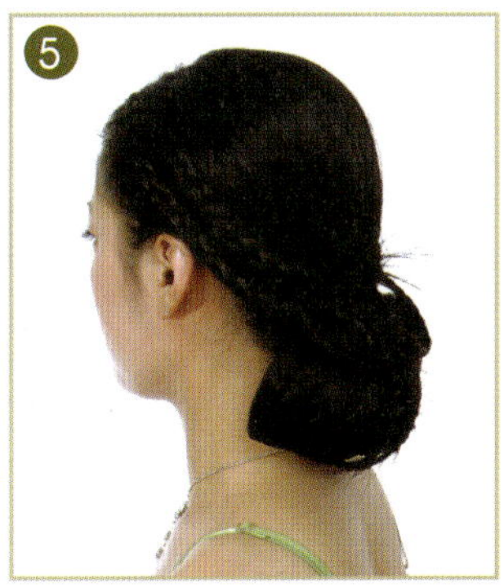

네이프의 볼륨

3. 얼굴형에 따른 업스타일 디자인

살롱워크에서 가장 중요한 것은 고객의 한사람 한사람에게 어울리는 디자인을 제안하고 만족시키는 것이다. 특히 업스타일 디자인은 얼굴의 형태와 목선이 모두 드러남으로 얼굴형과 헤어 아우트라인과의 밸런스를 맞추는 것이 매우 중요하다. 그러므로 얼굴형에 맞는 조형적 업스타일을 표현하기 위해서는 얼굴형의 기본적인 요소를 파악해야 하며 얼굴형을 수정하는데 있어서는 계란형이 기준이 된다.

1) 전면 얼굴형에 맞는 디자인

분류	둥근형 얼굴	사각형 얼굴	삼각형 얼굴
특징	전두부 헤어라인과 턱선이 둥글며 얼굴 길이가 비교적 짧다.	턱이 각이지고 딱딱한 인상을 준다.	이마 부분이 좁고 턱 부분이 넓다.
보완	전두부의 볼륨감 있는 뱅처리 양사이드의 볼륨 축소	아웃라인의 볼륨을 둥그스런 입체감으로 표현	턱보다 위가 넓어지고 볼륨있는 아웃라인을 구성하여 하부의 무게감 커버
매칭실루엣	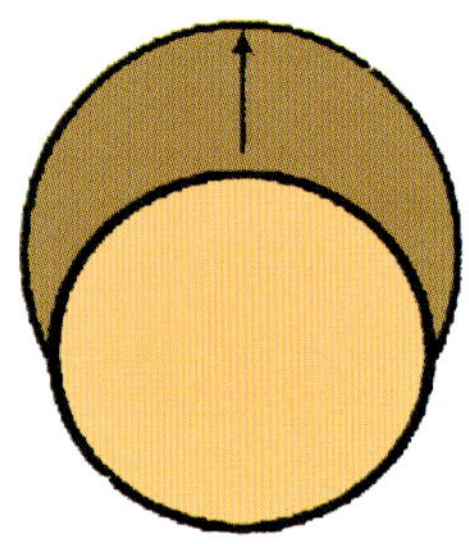	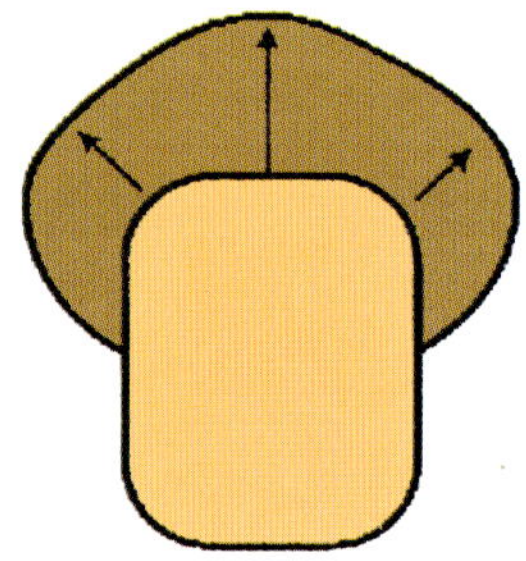	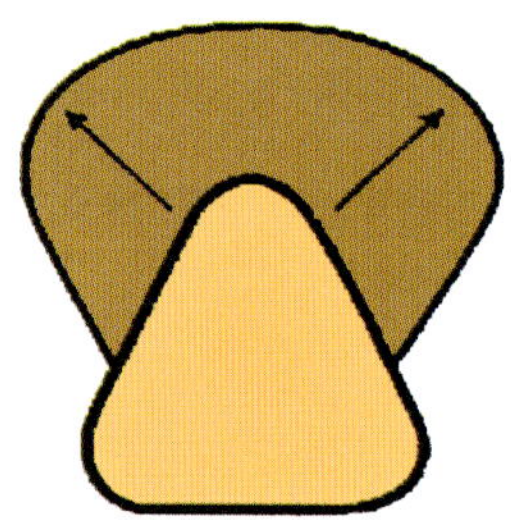
분류	역삼각형 얼굴	마름모형 얼굴	장방형 얼굴
특징	이마가 넓고 턱선이 가늘다.	좁은 이마, 광대뼈가 넓으며 턱선이 가늘다.	얼굴의 길이에 비해 가로의 폭이 좁다
보완	이마 양사이드의 볼륨을 줄이고 사이드라인의 아래쪽에 볼륨 증가	이마쪽에 풍성한 느낌을 증가시키고 사이드라인의 아래쪽에 볼륨을 추가	탑부분에 볼륨을 주지 않고 얼굴선을 따라 양사이드에 볼륨을 증가
매칭실루엣	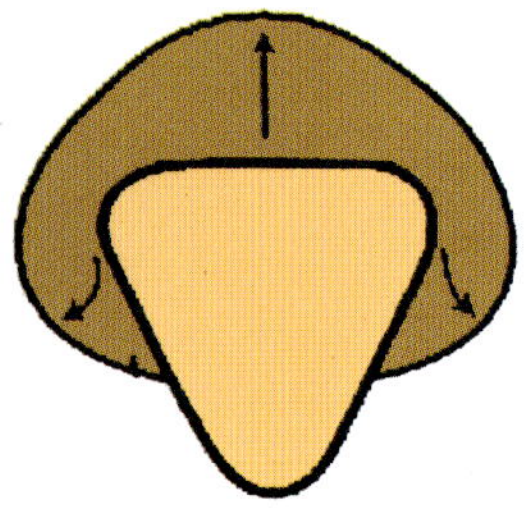	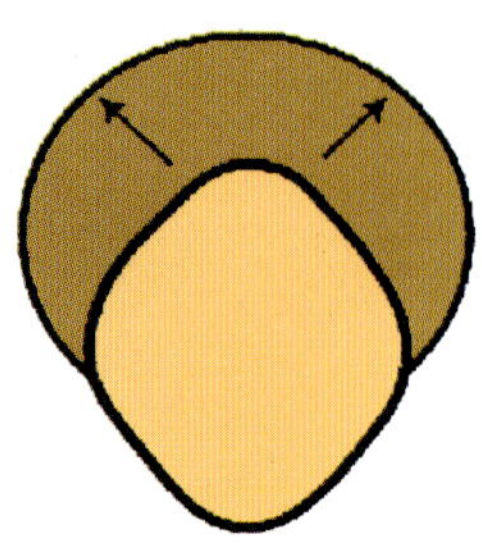	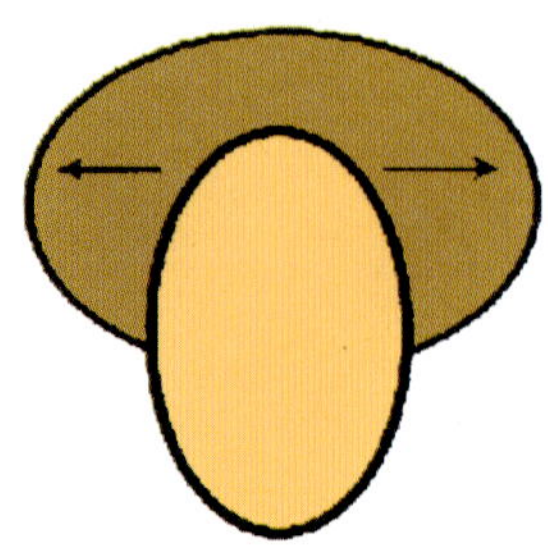

2) 측면 얼굴형에 맞는 디자인

분류	오목한 형의 얼굴	볼록한 형의 얼굴	낮은이마, 돌출된 턱형의 얼굴
특징	이마와 턱이 돌출된 형	이마와 턱이 들어가고 코가 튀어나온 형	이마가 낮고 좁으며 턱이 돌출된 형
보완	앞 이마의 머리를 짧게 덮어주고 네이프 부분에 부드러운 볼륨 처리	앞 이마에 컬이나 뱅을 만들어 가려주고 네이프의 양옆에 뱅을 끌어내어 처리	뱅이나 컬을 탑부분에 세워주고 네이프 부분에 부드러운 볼륨 처리
매칭실루엣			

(3) 목 타입에 따른 디자인

분류	짧고 굵은 목	가늘고 긴 목
보완	앞 머리에 뱅을 높에 처리하고 크라운의 볼륨을 수직라인으로 강조.	부드러운 뱅이나 컬로 목 부분을 덮어준다.
매칭실루엣	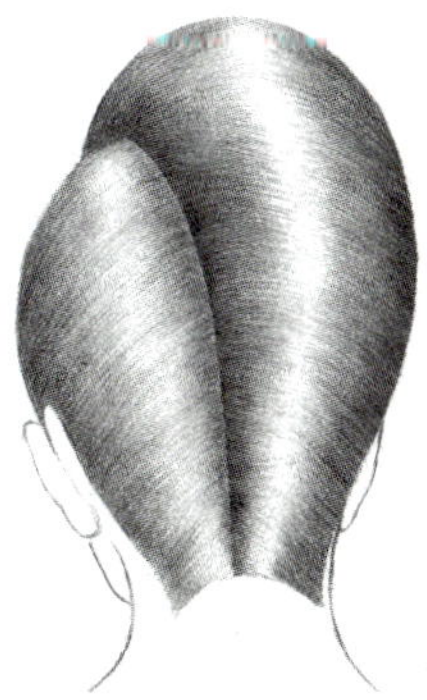	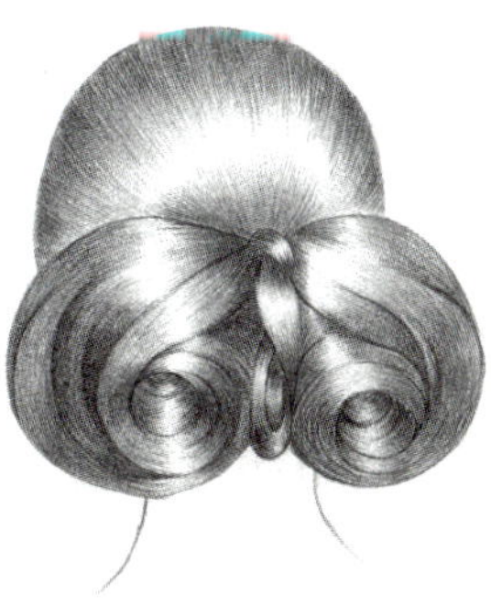

4. 셋팅

업스타일 시술 과정에 있어서 디자인을 설정한 후 디자인에 따라 적절한 셋팅 말기가 선행되어야 하며 매끈하고 볼륨감 있는 컬을 자유자재로 이용하여 우아한 업스타일을 연출하기 위해서는 필수적인 과정이다. 디자인의 구상이나 모발 길이에 따라 롤의 굵기와 섹션, 스템의 각도, 방향성을 잘 체크해야 한다. 또한 컬을 이용하여 볼륨을 연출하는 과정에서 계획한 컬의 형태에 따라 웨이브의 강도를 조절하여야 한다.

1) 셋팅의 목적

① 웨이브를 만들기 위해
② 모발 끝 변화와 방향감, 움직임 등의 질감표현을 위해
③ 볼륨을 만들기 위해

2) 와인딩 방법

프론트

네이프 방향의 다운 스타일

탑 방향의 업스타일

핀고정 : 핀의 자국이 남지 않아야 한다.

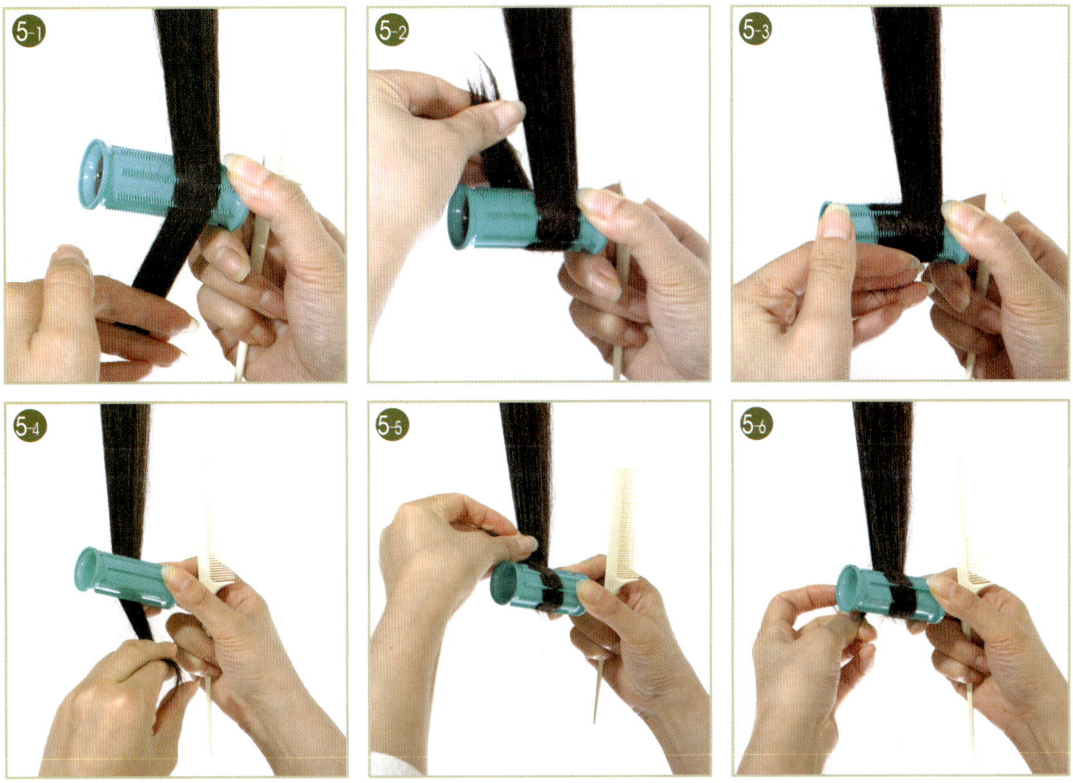

모선의 컬을 자연스럽게 연출하고자 할 때에는
모발 끝의 1/3지점에서 모선쪽으로 말아가는 스파이럴 와인딩을 한다.

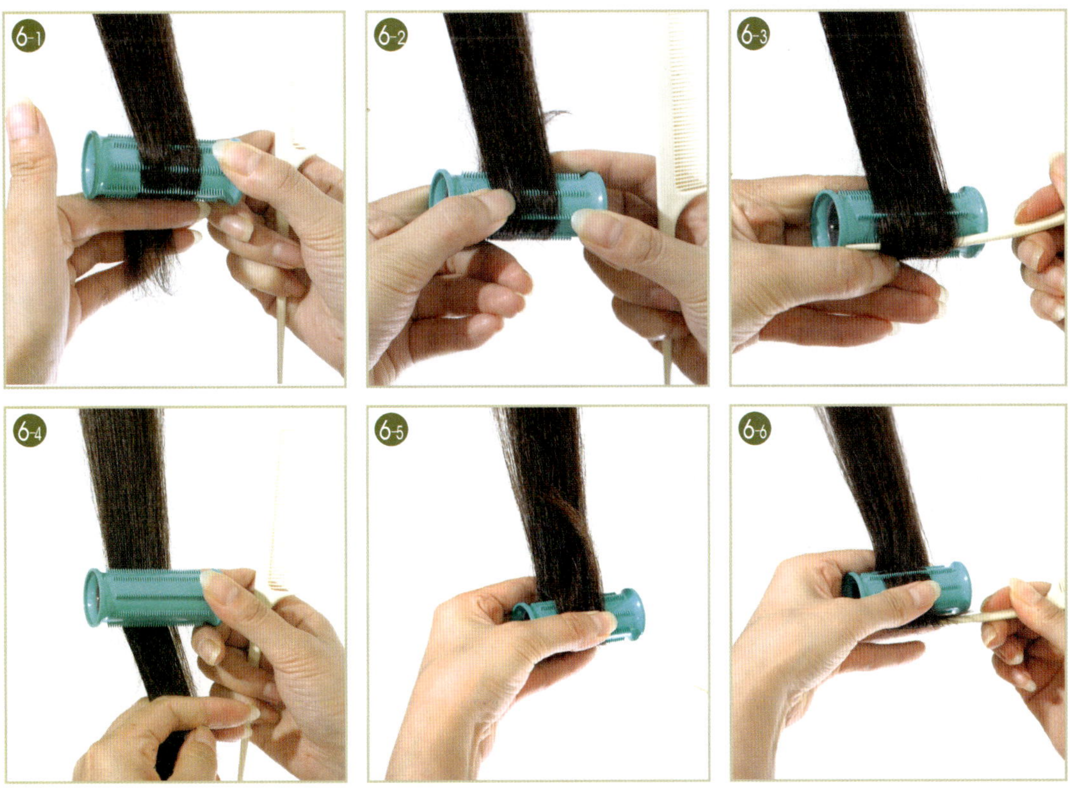

모선의 컬을 강하게 하고자 할 때에는 모발 끝에서 시작하여
모근 쪽으로 말아가는 크롤키놀 와인딩을 한다.

모선 와인딩

3) 컬 형태에 따른 셋팅 웨이브

컬의 형태는 업스타일 시술의 마지막 단계인 토대위에서 연출되어지며, 양감이나 입체감과 함께 전체적인 이미지를 다양하게 표현해준다. 설정된 이미지에 따라 의도하는 컬의 형태를 좀더 쉽고 효과적으로 시술하기 위해서는 컬 형태에 따른 셋팅작업이 우선되어져야 한다.

릿지의 입체감과 부드러운 웨이브의 흐름으로 우아함을 표현해주는 S컬은 셋팅웨이브가 강하게, 매끄러운 면이 둥글게 표현되어져 귀엽고 사랑스런 이미지를 갖는 롤뱅은 가벼운 셋팅 웨이브가 필요하다. 또한 꼬기, 땋기, 트위스트컬의 연출시에는 가벼운 셋팅이나 셋팅을 하지 않아도 무방하다.

S컬

롤뱅

꼬기, 땋기, 트위스트컬

5. 브록킹

업스타일을 연출하는데 있어서 브록킹은 ① 면을 정리하여 디자인하기 위해 ② 볼륨감 있는 디자인을 위해 ③ 작업의 정확도를 높이기 위해 ④ 쉽고 빠른 디자인 연출을 위해 행해지는 과정이므로 업스타일 형태의 스타일을 구성하고 완성하기 위한 베이스라고 할 수 있다. 따라서 두상의 포인트를 정확히 파악하여 다양한 브록킹 형태를 이해함으로써 폭넓은 업스타일 디자인을 완성할 수 있을 것이다.

1) 두상의 포인트

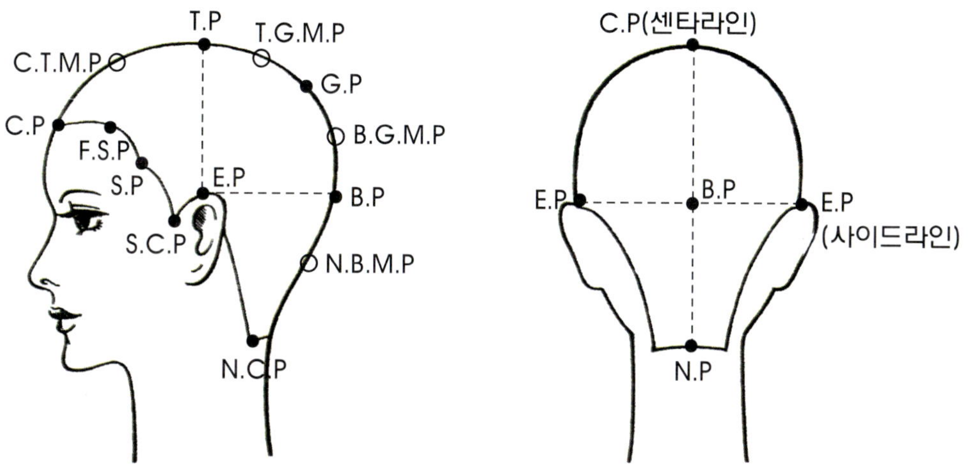

2) 업스타일 기본 브록킹

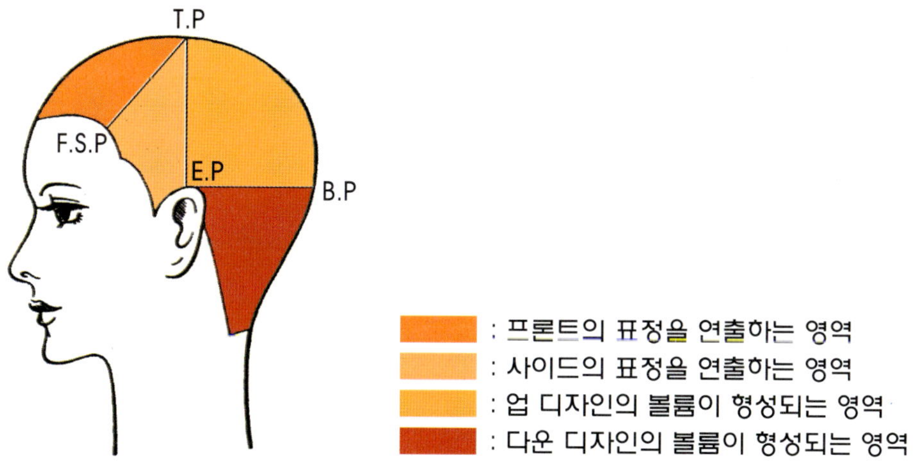

6. 백콤(back-comb)

백콤은 느슨한 모발을 억지로 끌어당겨서 모발을 서로 얽히게 하는 것이다. 백콤 테크닉 방법에 따라 볼륨감, 방향성, 토대, 움직임, 핀의 고정력 강화, 면의 연결, 모발의 혼합 등 다양한 기능을 가지고 있는 만큼 업스타일 디자인에 있어서 백콤의 역할은 매우 중요한 작업이다. 빗살이 섬세할수록 백콤도 섬세하게 들어가며 빗살이 거칠수록 백콤도 거칠게 나타난다.

백콤의 원리

① 스트랜드의 폭은 2~3cm, 넓이는 5cm이다.
② 디자인에 따라 목적에 맞는 백콤을 이해하여 시술한다.
③ 백콤의 양과 들어갈 위치를 파악한다.

넓은 면 백콤
벽돌쌓기 섹션을 떠서 면에 요철이 생기지 않도록 한다.

볼륨감 형성 백콤
두피 면의 볼륨감, 토대, 핀고정 강화를 위한 백콤이다. 스트랜드 각도– 90~120°

면 연결 백콤

면과 면이 갈라지지 않고 자연스럽게 연결하기 위한 백콤이다. 스트랜드 각도– 45˚ 이하

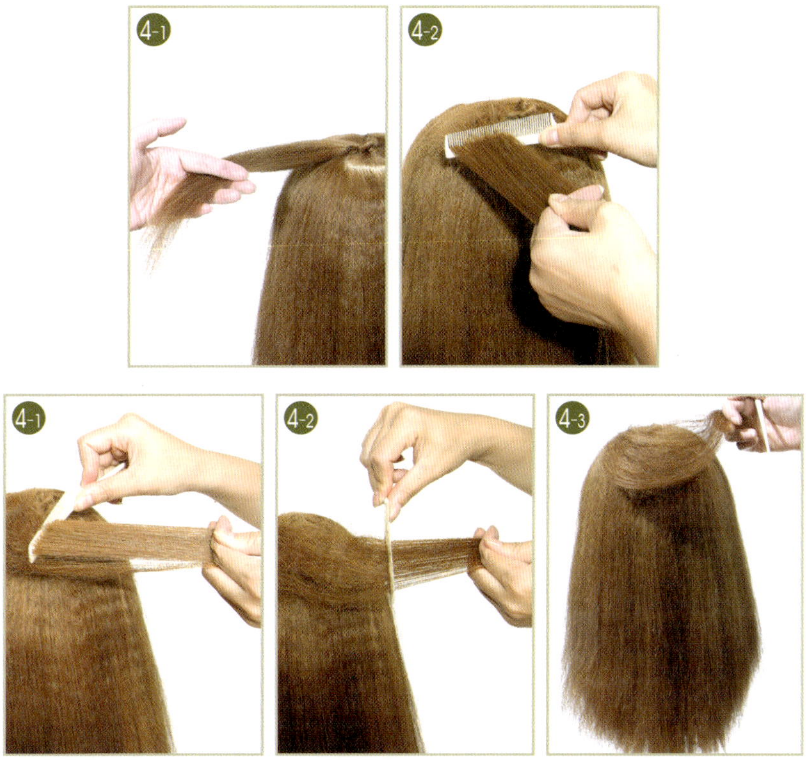

방향감 백콤

디자인에 따라 원하는 흐름을 위한 백콤이다. 스트랜드 각도– 60~90˚

백콤시 유의사항

① 디자인의 질감이 보이는 안쪽에서 백콤한다.
② 넓은 면적을 넣을땐 스트랜드의 섹션은 벽돌쌓기로 떠낸다.
③ 텐션의 강약을 조절한다.
④ 백콤을 고르게 넣어 표면이 울퉁불퉁하지 않도록 한다.
⑤ 모발 면이 매끄러워 백콤이 들어가지 않을때에는 스프레이를 뿌린후 넣어준다.

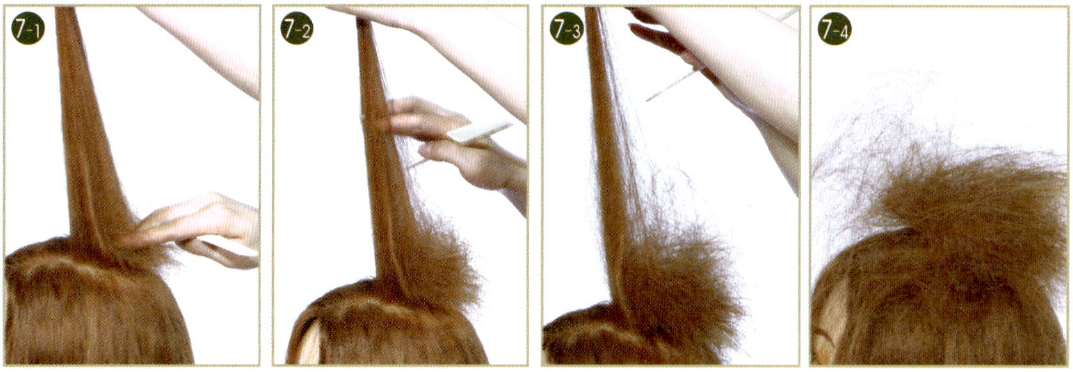

손가락 백콤

볼륨감 있고 내츄럴한 질감을 얻고자 할 때 손가락으로 백콤을 넣는 방법이다.

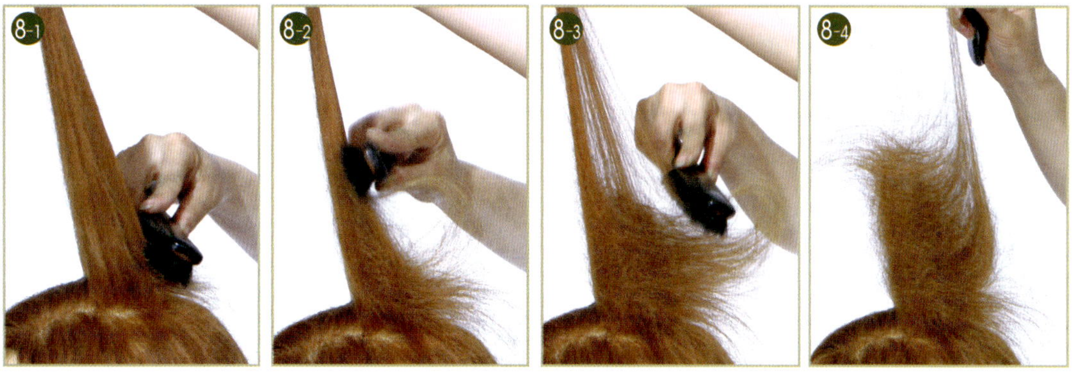

브러싱 백콤

느슨한 컬을 불규칙하게 구성하고, 소프트한 볼륨감을 원할 때 사용하는 백콤 방법이다.

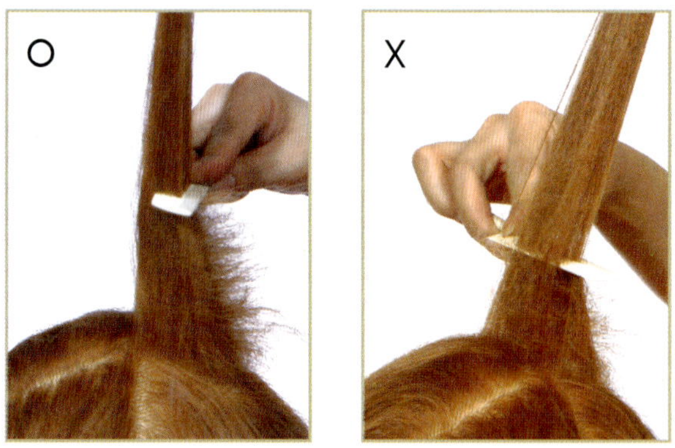

빗살이 스트랜드 반대방향으로 튀어나오지 않도록 한다.

7. 토대

토대란 두상내의 어느 지점을 삼각형 또는 원형의 섹션을 나눠서 스트랜드를 떠내 묶거나 비틀어 고정시키는 것을 말한다. 업스타일은 머리 위에 건축물을 지은 것과 같을 원리이며 여기에서 토대의 역할은 주춧돌이나 기둥의 역할을 한다. 또한 핀을 고정하거나, 싱을 얹거나, 모량을 조정하는 등의 목적이 있으므로 단단하게 고정되어야 하는 것이 필수이다.

1) 묶음 토대

머리를 한곳으로 모아 묶어줌으로써, 토대 중 가장 단단하게 고정하는 방법이다.
토대가 세워지는 위치에 따라 스타일의 변화를 볼 수 있으며 긴 머리에는 넓은 면적을 모아 토대를 만들고 머리가 짧을수록 토대의 면적을 좁게 설정하는 것이 원칙이므로 디자인에 따라 토대면적의 넓이나 위치가 결정되어진다.

업토대

다운토대

2) 백콤 토대

짧은 머리 업스타일 디자인을 할 때 주로 사용하므로, 모근 부분에 특히 강한 백콤을 필요로 한다.

3) 핀 토대

핀을 두피 면에 고정하여 토대를 만드는 방법으로 디자인 연출시 모발 길이의 여유가 부족할 때, 모발의 여유를 많이 얻고자 할 때 사용한다. 핀 고정은 핀과 핀이 겹치도록 고정하고 두피 면에 밀착시켜 토대의 흔들림이 없도록 해야 한다.

4) 회전 토대

머리의 스트랜드를 비틀어서 회전시켜 고정하는 토대로 모선의 흐름과 방향을 미리 계획할 수 있다. 디자인에 따라 업 회전, 다운 회전, 사이드 회전등이 있으며, 머리 길이에 따라 토대의 면적을 조절한다.

업회전

다운회전

8. 핀

업스타일에 있어서 핀은 선, 면을 만드는 요소이며 면이 갈라지거나 선이 흐트러지는 것을 방지하기 위해 고정하는 것이다. 핀의 정확한 선정과 사용방법에 의해 작업 시간이 단축되고 스타일의 형태를 장시간 유지할 수 있을 것이다. 핀의 개수를 최소화하면서 충분한 고정력을 발휘할 때 스타일의 완성도는 한층 높아질 것이다.

1) 핀의 종류와 사용법

(1) 스몰핀

길이가 짧고 가늘며 고정력이 약하기 때문에 소량의 스트랜드를 고정할 때 사용한다. 또한 모량이 없고 힘이 없는 모발, 면의 볼륨감을 감소시킬때, 섬세한 부분에 사용한다.

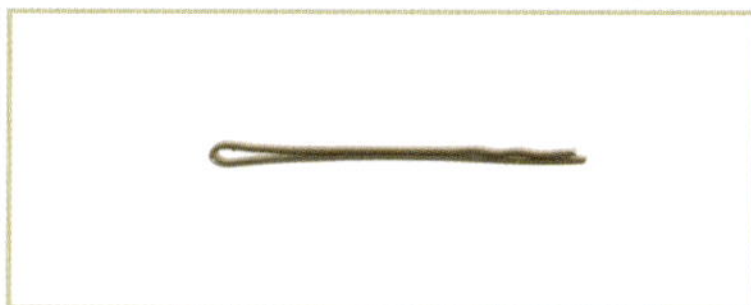

(2) 보비핀(실핀)

업스타일에서 가장 많이 사용되는 핀으로 면과 스트랜드를 고정할 때 사용한다.

(3) 대핀

많은 양의 모발을 고정시킬 때, 두꺼운 스트랜드를 회전시켜 고정할 때 사용한다. 단, 숱이 적은 모발에 사용했을 때는 고정력이 떨어진다.

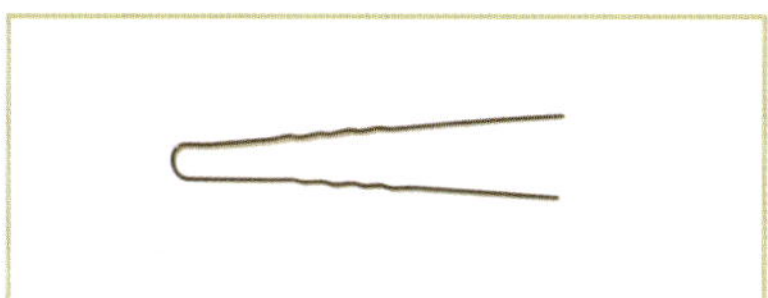

(4) U핀(小)

업스타일 마무리 단계에서 뱅과 컬의 갈라짐을 방지하거나 고정할 때 사용한다.

(5) U핀(中)

업스타일 마무리 단계에서 뱅과 컬의 고정을 위해 사용한다.

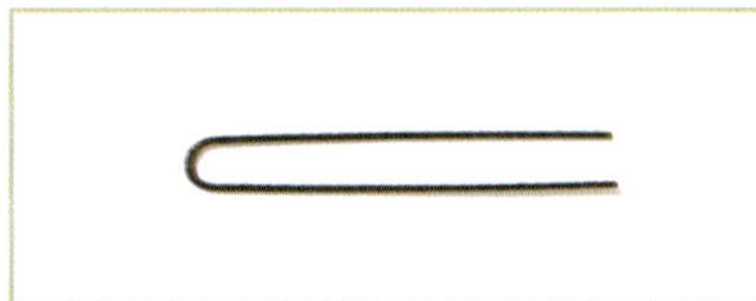

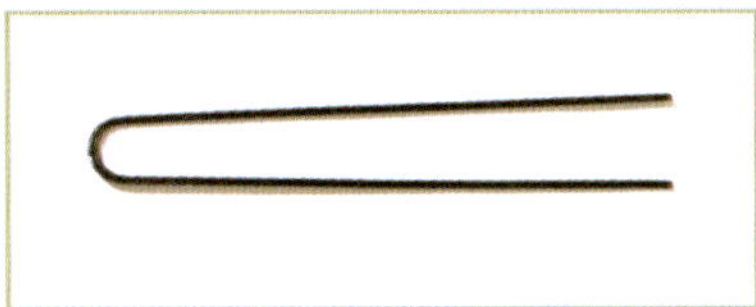

(6) U핀(大)

머리다발이나 스트랜드를 임시로 지탱하고 고정하는데, 또는 싱을 고정하는 데 사용한다.

(7) 핀컬핀

모양이나 웨이브 연출 후 모양이 흐트러지지 않게 하기 위해 일시적으로 고정하는 데 사용한다.

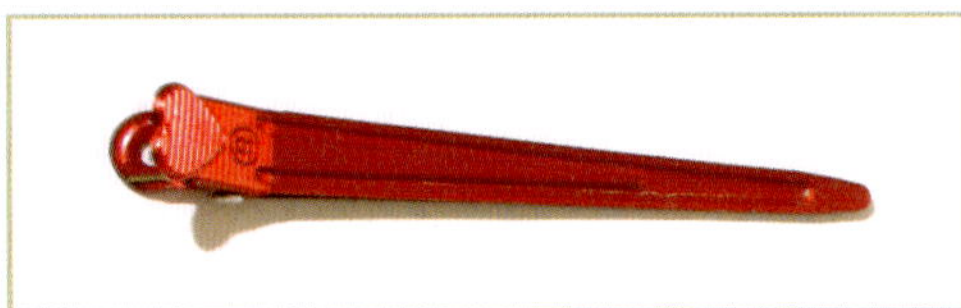

(8) 핀셋

업스타일을 하기 위해 브록킹을 나눈 머리다발을 고정하기 위해 사용한다.

(9) 웨이브 클립

컬을 연출하는데 있어서 S컬의 릿지를 세우는 데 사용한다.

2) 핀 고정

핀고정은 업스타일 디자인의 완성도를 높이기 위한 방법 중 하나로, 건축물에서의 못질 역할과도 같은 것이라 할 수 있다. 따라서 정확한 위치에서 핀의 효과를 충분히 발휘할 수 있도록 의도하는 디자인에 따른 핀의 선정과 정확한 고정 방법이 요구되어진다. 핀고정의 기본 법칙은 모량이 적은 부분에 작은 핀이 사용되어지는 것으로 모량과 핀의 크기는 비례하다고 할 수 있다.

(1) 평면 고정법

핀고정 중 가장 기본적인 방법으로 머리 다발의 양이 적은 부분을 고정하거나 볼륨을 축소시킬 때, 또는 핀토대를 만들때 주로 사용하는 방법으로 두피 면에서 핀이 뜨지 않도록 밀착시켜 고정하는 것이 중요하다.

평면 겹치기 고정

수평 一 자형 고정

수평 X자형 고정

수직 一자형 고정

수직 X자형 고정

평면 회전고정

(2) 감추기 고정법

롤이나 컬의 형태를 유지하면서 안정시키고, 형태의 표면에 핀이 노출되지 않도록 감춰서 고정하는 방법이다. 주로 U핀을 사용하며 두피 면의 머리와 롤과 컬의 면을 바늘로 꿰메듯이 고정한다.

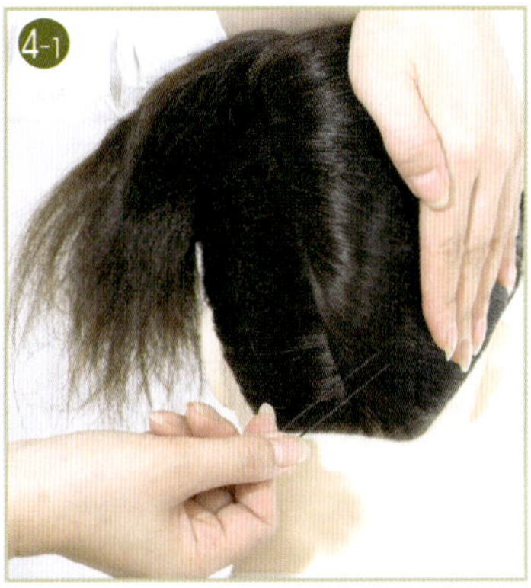
4-1

4-2

4-3

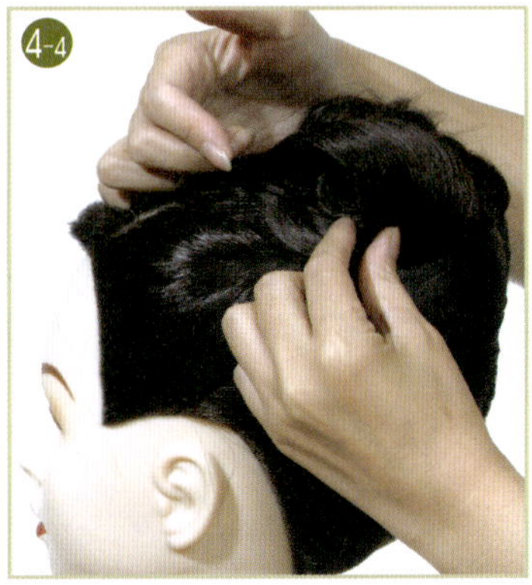
4-4

(3) 회전 고정법

회전 고정법은 머리다발의 볼륨을 유지하고 조절하면서 핀이 노출되지 않도록 고정하는 방법이다. 모량이 적은 부분은 작은 실핀을 사용하고 모량이 많은 부분은 큰 대핀을 이용하며 머리다발에 걸어서 두피 면에 고정될 수 있도록 한다.

5-1

5-2

5-3

5-4

9. 묶기

시뇽 스타일, 포니테일 스타일의 토대 만드는데 반드시 거치는 과정으로서 토대를 만드는 방법 중 하나이며 의도하는 디자인에 따라 정확한 위치에 느슨하지 않고 단단하게 묶는 것이 중요하다.

1) 링 밴드 묶기(Ⅰ)

노란 밴드의 한쪽을 검지 손가락에 걸고 밴드 반대편에 실핀을 끼워서 머리다발을 묶어주는 방법으로, 묶은 매듭이 흔들리지 않도록 머리다발을 두피면 쪽으로 가깝게 잡아 묶어주는 것이 중요하다.

2) 링 밴드 묶기(Ⅱ)

노란 밴드 양쪽에 실핀을 걸어 묶는 방법으로, 한쪽 실핀을 머리다발에 끼우고 다른 한쪽은 머리를 감아 묶은 다음 반대편에 끼워서 고정한다. 묶은 매듭이 흔들리지 않도록 머리다발을 잡은 손이 두피 면 쪽으로 밀착되게 잡아서 묶어주는 것이 중요하다.

3) 줄 밴드 묶기

검정 줄 밴드를 이용하여 묶는 방법으로 매듭의 고정이 단단하며 두께나 높이를 조절하여 볼륨감을 얻는데 활용할 수 있으며, 주로 모량이 많은 다발을 묶을 때 사용한다. 업스타일을 시술할 때나 풀어줄 때 두피에 자극이 없는 것이 특징이다.

3) 밴드로 모발 굽히기

묶인 머리 다발의 방향성을 모근에서부터 단단히 묶인 밴드로 이동시킬 수 있다.

이 경우 주의 점은 굽혀진 내측의 부분이 느슨해지지 않도록 하는 것이다. 모발 다발을 모두 이용하여 큰 시뇽을 연출할 때 용이하다.

10. 보조싱

업스타일 형태를 표현하기 위해 중요한 아이템이다.

1) 싱의 역할과 기능

① 스타일을 입체적으로 표현하기 위해 사용한다.
② 백콤만으로 부족한 볼륨을 더한다.
③ 토대를 위에서 연출되는 뱅을 안정감 있게 고정할 수 있다.
④ 핀고정으로 인한 두피 면의 자극을 감소시킬 수 있다.
⑤ 두상 골격의 단점을 커버한다.
⑥ 볼륨 밸런스를 조절한다.

2) 싱 형태 만들기

(1) 삼각형

(2) 반원형

(3) 원형

(4) 초생달형

3) 목적에 따른 싱 연출

업스타일 시술에 있어 여러가지 기능을 가지고 있는 보조싱을 효과적으로 사용하기 위해서는 업스타일 디자인의 변화에 따라 싱이 고정되는 위치, 형태, 부피, 모발 길이에 따른 양의 조절 등이 먼저 파악되어야 하며 싱이 적절히 사용되었을 때 업스타일 디자인의 완성도는 한층 높아질 것이다.

(1) 원형

(2) 반원형 업

(3) 반원형 다운

(4) 삼각형

11. 망

업스타일 시술시 시뇽이나 컬의 형태를 보정하는 역할로서 잔머리가 많거나, 모량이 많아 핀 고정이 어렵거나 무게감으로 쳐지기 쉬운 경우, 또한 경험이 많지 않아 테크닉에 숙련도가 부족할 때 망을 씌워 시술한다. 망을 사용할 때는 모발의 색을 고려해서 망의 형태가 나타나지 않도록 하며, 망을 사용 시 표면은 매끄럽지만 내츄럴한 질감 표현이 되지 않으므로 가능한 사용하지 않고 테크닉을 발휘하여야 한다.

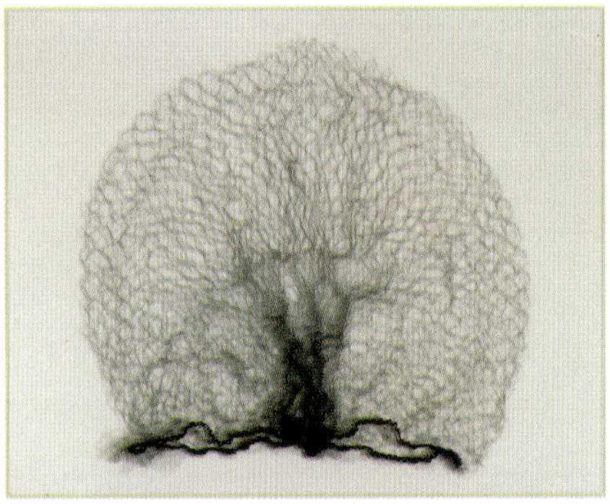
실망

구슬망

3장.

베이직 테크닉

1. 쉐이핑과 브러싱

업스타일 디자인의 형태를 만들어가는 첫째 조건이라 할 수 있는 쉐이핑 과정은 올바른 브러쉬 사용법에 크게 영향을 받는다. 의도하는 디자인의 형태와 질감은 브러쉬를 목적에 따라 적절하게 사용하였을 때 가능하다. 특히 백콤이 끝난 후 올바르지 못한 브러시 사용법에 의해 백콤의 효과를 잃어버릴 수도 있으며, 면의 거친 질감을 나타낼 수도 있다.

브러쉬는 시술자의 또 다른 손이 될 수 있으며 올바른 브러쉬를 사용하기위해서는 손에서 나오는 텐션의 강약 조절이 중요하며 이 부분을 뛰어 넘으면 업스타일의 선 · 면 · 형태를 아름답게 표현할 수 있을 것이다.

1) 면연결 브러싱

모근부 가까이에 브러쉬를 대고 모발 중간에서 그치지 않고 모발 끝까지 이어서 빗질한다.

2) 백콤제거 브러싱

안쪽의 백콤의 볼륨이 눌리거나 풀어지지 않도록 유지하면서 모발 표면을 매끄럽게 브러싱하는 방법으로, 브러싱 브러쉬를 모근부 가까이에 빗살의 한쪽을 대고 반회전 하면서 머리 겉면을 위쪽으로 걷어 올려 빗는다. 아래쪽은 아래쪽으로 내려 빗는다.

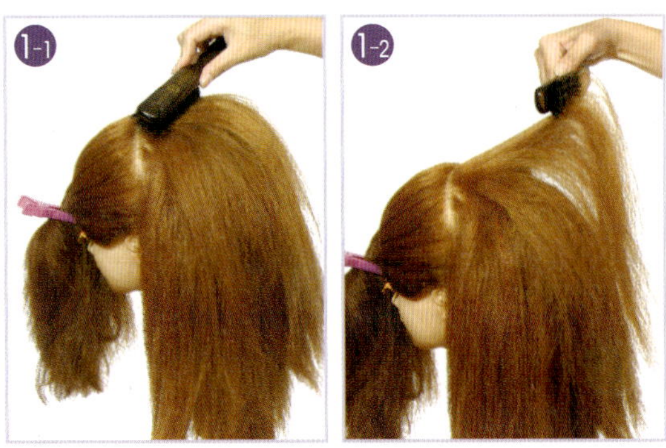

위면 브러싱

아래면 브러싱

2. 프론트 디자인

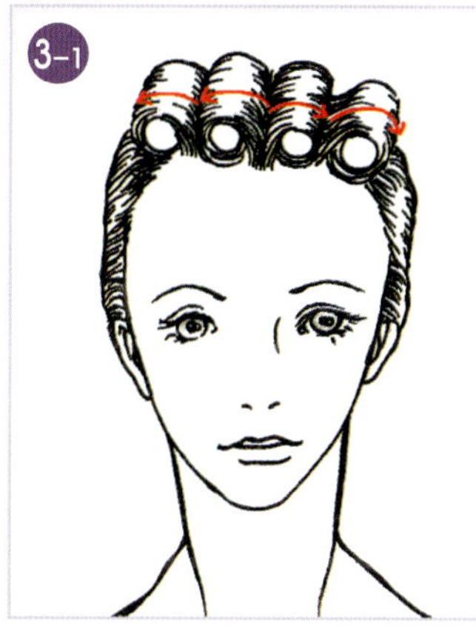

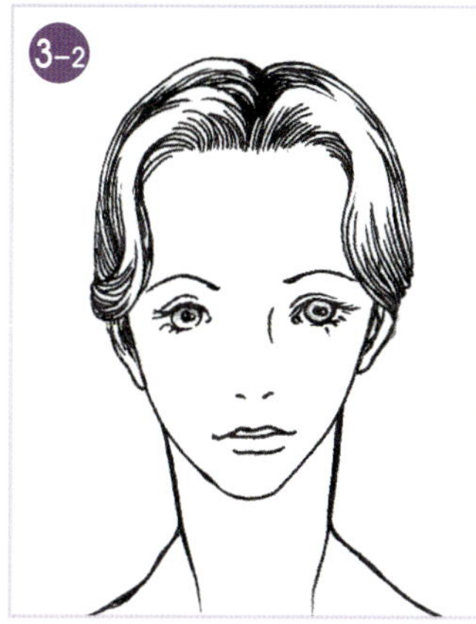

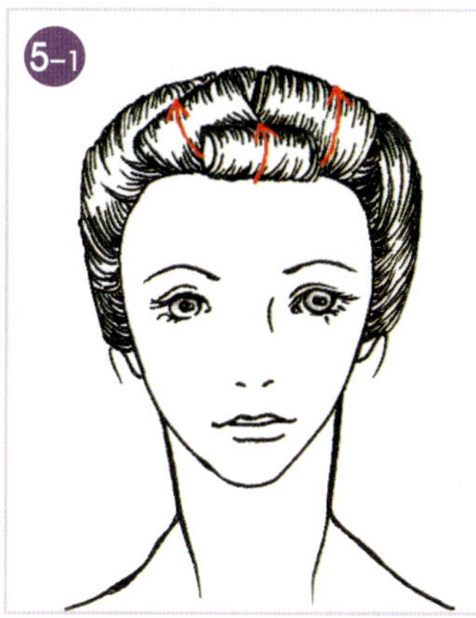

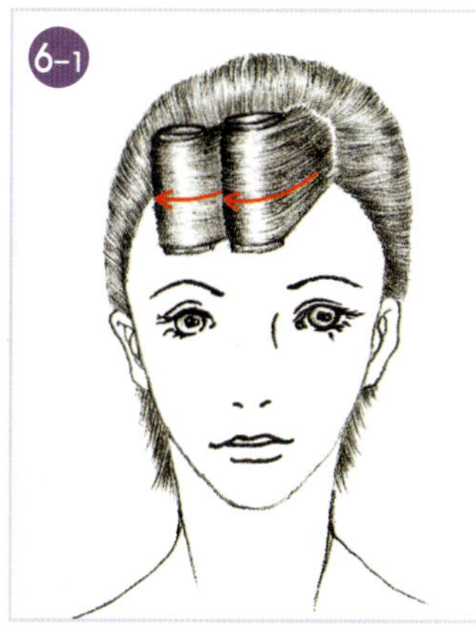

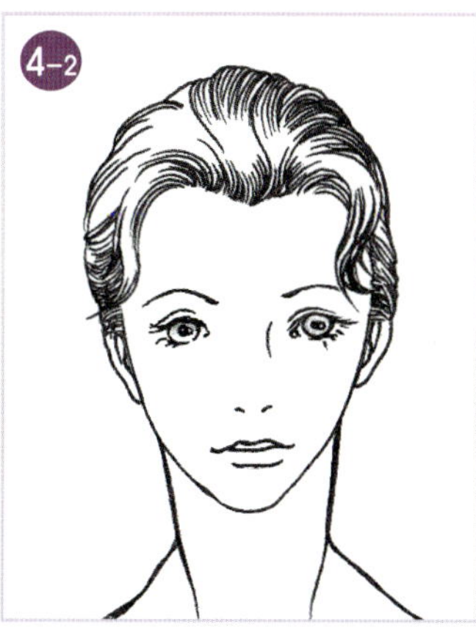

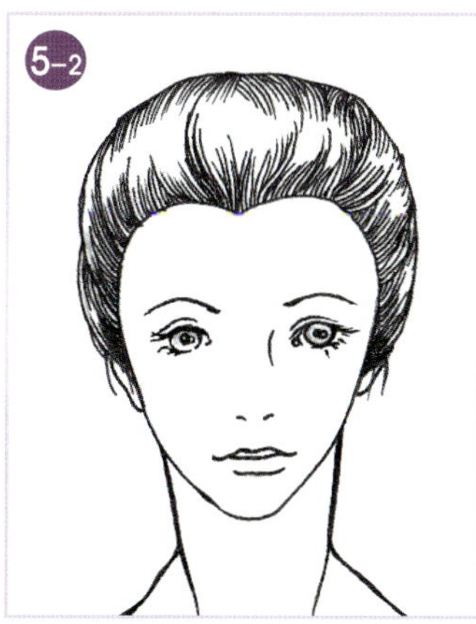

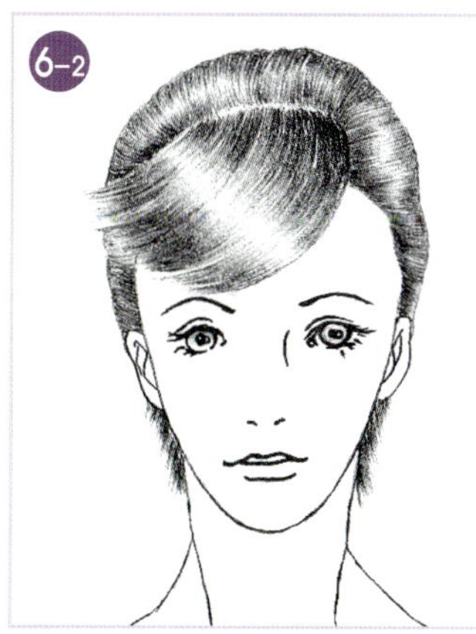

3. 사이드 디자인

1) 다운 회전

① 모근부에 백콤을 넣는다.

② 모발끝이 아래쪽으로 향하게 두바퀴 비틀어 고정한다(브록킹 라인이 보이지 않도록 주의).

③ 완성

2) 업 회전

① 비트는 지점에 빗의 꼬리를 대고 위쪽으로 회전시킨다.

② 한바퀴 더 비틀어 핀고정한다(브록킹 라인 보이지 않도록 백 사이드 쪽으로 끌어 고정).

③ 완성

3) 아웃 회전

① 회전시키는 지점에 빗의 꼬리를 대고 아웃롤을 만든다.

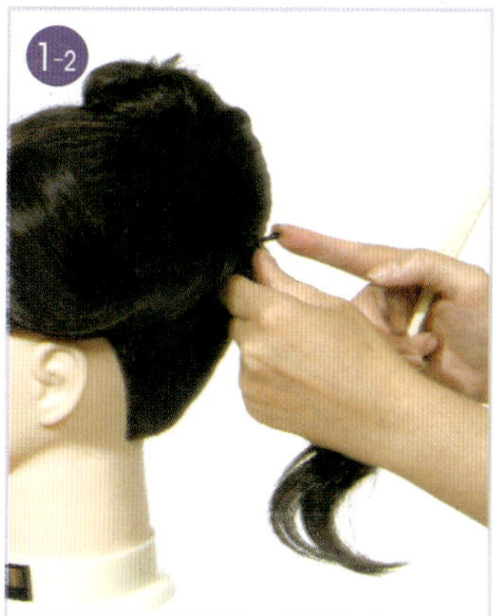

② 나선형 롤을 말아 핀고정한다.

③ 완성

4) 응용 꼬기

① 모발을 1cm 두께로 나누어 잡는다.

② 아래가닥을 위쪽으로 올려 꼰다.

③ 나머지 머리도 1cm씩 걸어 떠서 두 가닥 꼬기를 계속 진행한다.

④ 꼬아진 머리를 동그랗게 말아 사이드의 두피에 고정한다.

⑤ 완성

4. 백 디자인

1) 수직롤 Ⅰ

① 모근부에 백콤을 단단히 넣는다.

② 두상의 곡면을 따라 평행하게 쉐이핑한다.

③ 정중선을 따라 수직으로 핀을 갈매기형으로 교차하여 꽂는다.

④ 가장 윗부분에서는 핀을 덮어 씌워 꽂는다.

⑤ 반대편 머리를 평행하게 쉐이핑한다.

⑥ 손의 방향을 바꿔서 다발을 잡는다.

⑦ 빗의 꼬리를 다발 안쪽에 대고 사선라인으로 쉐이핑한다.

⑧ 롤 가장위의 겉 가닥을 대핀으로 고정한다.

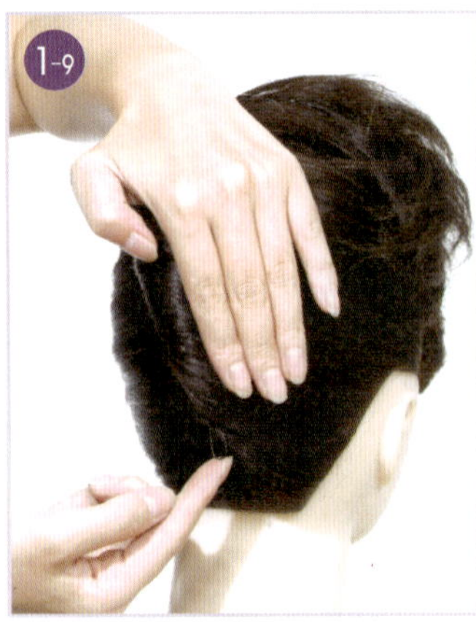

⑨ 롤이 풀리지 않도록 U핀으로 감춰 꽂기 한다.

⑩ 완성

2) 수직롤 II

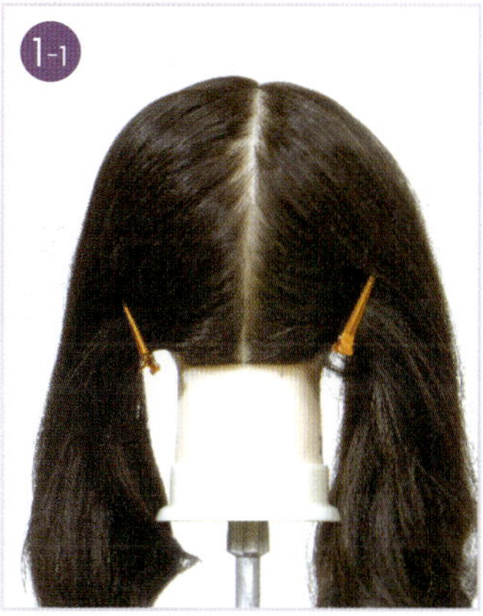

① 정중선을 따라 2등분한다.

② 두피면에 백콤을 넣는다.

③ 반대쪽으로 끌어 쉐이핑한다.

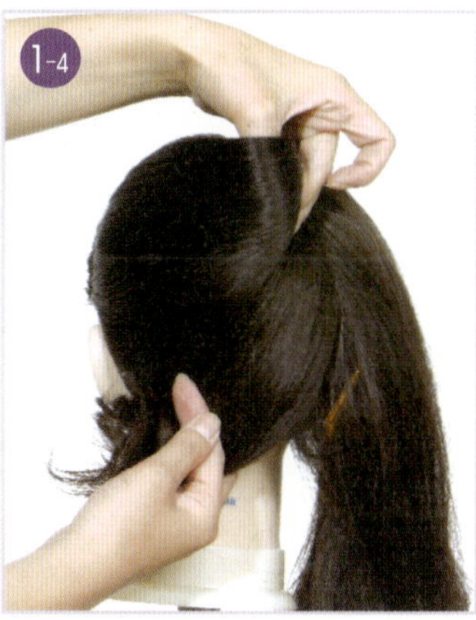

④ 머리 끝이 아래쪽으로 향하도록 하여 비틀어 올린다.

⑤ 머리 끝이 보이지 않을 때까지 비틀어 준다.

⑥ 롤의 위부분 안쪽에 대핀을 꽂아 고정한다.

⑦ 반대편도 같을 방법으로 쉐이핑한다.

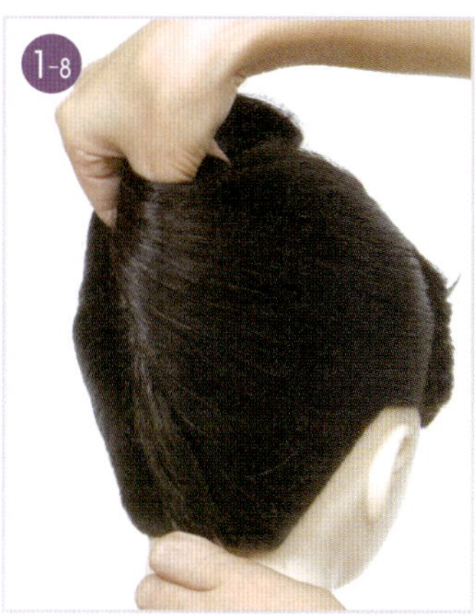

⑧ 동일한 방법으로 롤을 비틀어 올린다.

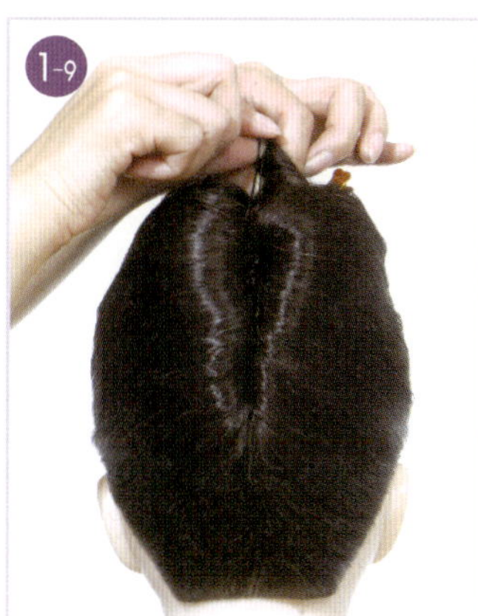

⑨ 양쪽 롤의 위쪽을 같이 잡아 핀고정한다.

⑩ 완성

3) 수평롤 Ⅰ

① 롤을 만든 부분 머리다발을 묶는다.

② 다발의 모선 안쪽에 싱을 대고 두피쪽으로 말아간다.

③ 말아진 롤을 두피 면에 대고 싱과 함께 고정한다.

④ 롤의 겉면을 양쪽으로 펼친다.

⑤ 뒷면

⑥ 옆면

4) 수평롤 Ⅱ

① 롤을 만들 부분을 묶은 다음 머리를 앞쪽으로 방향을 잡아 토대를 만든다.

② 구성할 롤의 크기를 고려하여 싱을 댄다.

③ 앞쪽으로 향한 머리를 뒤쪽으로 넘겨 매끄럽게 빗질하여 고정한다.

④ 완성

5. 짧은 머리

1) 짧은 머리 I

① E.P에서 2㎝올라간 지점에서 일직선으로 브로킹한다.

② 네이프 면의 가장자리를 2㎝남기고 안쪽의 반원의 면을 묶는다.

③ 가장자리 머리에 백콤을 넣은 후 한쪽으로 쉐이핑하여 정중선을 따라 핀고정한다.

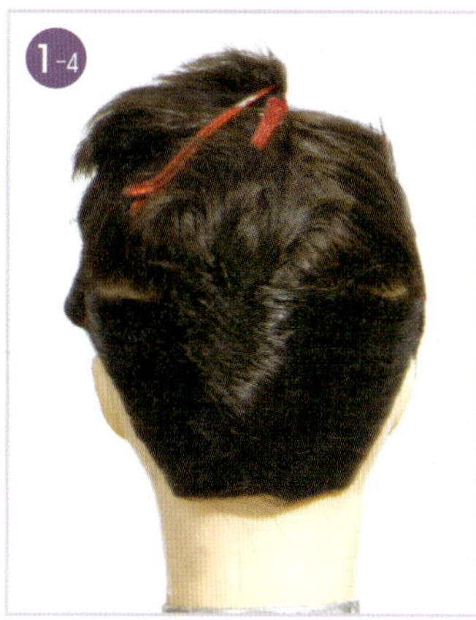

④ 반대쪽 머리를 틀어 올려 핀고정한다.

2) 짧은 머리 Ⅱ

① E.P에서 2㎝올라간 지점에서 일직선으로 브로킹한다.

② 네이프 면의 가장자리를 2㎝남기고 안쪽의 반원의 면을 묶는다.

③ 가장자리 머리를 6등분한다.

④ 가장 아래가닥부터 교차시켜 핀고정한다.

⑤ 다음 가닥도 같은 방법으로 교차시켜 핀고정한다.

3) 피스 연출

업스타일의 특징 중 하나가 한정된 소재 내에서 연출된다는 점이다. 그러므로 짧은 머리에 업스타일의 완성도를 높이는데 또한 한정이 되어있다. 따라서 이러한 부분을 보완하기 위한 방법 중 하나로 헤어피스가 사용되고 있으며 다양한 피스를 효과적으로 사용함으로써 업스타일의 완성도를 높일 수 있다.

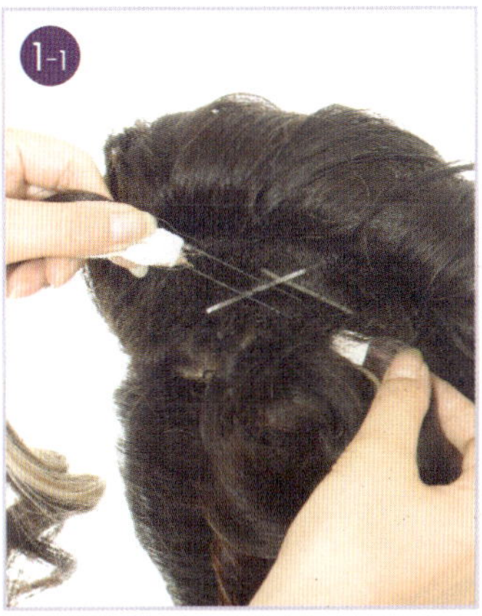

① 두피면에 강한 백콤을 넣은 후 핀토대를 만들고 피스를 고정한다.

② 피스를 조화롭고 균형감 있게 구성한다.

③ 단조로움을 커버하기 위해 땋은 머리 피스 응용

④ 웨이브의 흐름에 따라 고정한다.

⑤ 줄 피스 응용

⑥ 웨이브의 흐름에 따라 고정한다.

⑦ 인조피스 응용

⑧ 피스의 양쪽 끝을 서로 반대방향으로 돌린다.

⑨ 피스를 두겹으로 접는다.

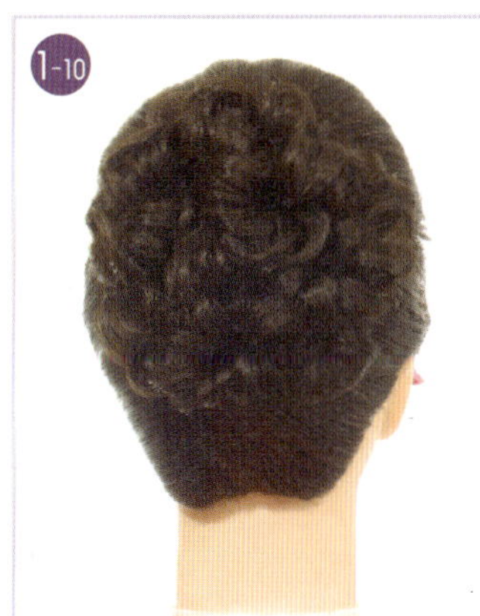

⑩ 피스를 조화롭고 균형감 있게 구성한다(모발과 같은 색상 사용).

6. 볼륨 디자인

1) S컬

① 머리가닥 안쪽에 백콤을 넣는다.

② 빗을 45°로 눕혀 면을 매끄럽게 빗는다.

③ 컬의 릿지를 살리면서 S자 형태를 만든다.

④ 핀고정한다(컬의 흐름이 부드러운 곡선의 형태를 유지하도록 한다).

⑤ 완성

2) 롤뱅

① 머리가닥 안쪽에 백콤을 넣는다.

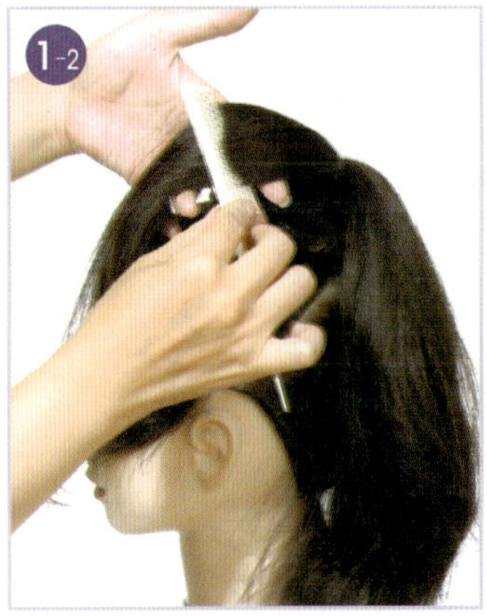

② 빗을 45°로 눕혀 면을 매끄럽게 빗는다.

③ 머리다발의 중간부터 모선 방향으로 말아간다.

④ 말아진 머리 끝부분은 롤 안쪽에 집어넣은 다음 고정한다.

⑤ 완성

3) 트위스트 컬

① 머리 다발의 모근 쪽에서 부터 한쪽으로 꼬아준다.

② 모선까지 같은 방법으로 꼬아준다.

③ 꼬아진 머리다발을 둥그렇게 말아준다.

④ 꼬아진 매듭의 면의 가닥을 말아진 방향을 따라 얇게 뽑아내어 컬의 형태를 만든다.

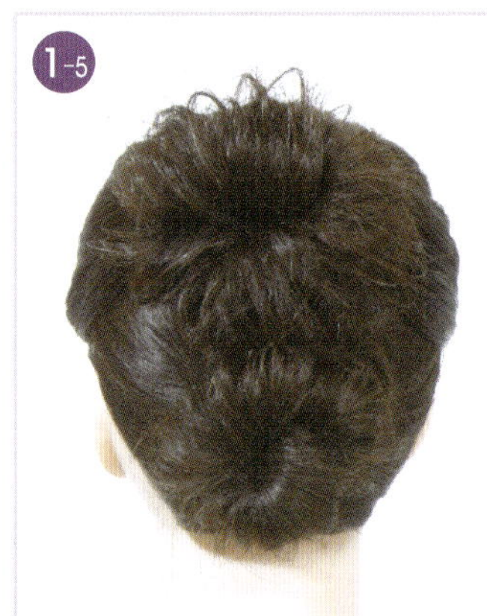

⑤ 완성

7. 땋기(braid)

땋기는 업스타일 디자인을 더욱 더 다양하게 이끌어갈 수 있는 방법 중 하나로 시술자의 창의력을 충분히 발휘할 수 있다. 다양한 땋기 기법을 응용하여 면의 단조로움을 커버할 수 있으며 여성스럽고 로맨틱한 업스타일 디자인으로 연출되어진다.

1) 가닥 나눠 땋기

① 머리다발을 세 가닥으로 나눈다.

② 기본 땋기를 한번 하고 다음 가닥부터 한 가닥에서 ⅓을 나눠 땋는다.

③ 땋은 형태

④ 맞은 편도 같은 방법으로 진행한다.

⑤ 자연스런 질감 표현을 위해 땋아진 매듭을 뽑아낸다.

⑥ 완성

2) 아래 땋기

① 머리다발을 세 가닥으로 나눈다.

② 오른쪽 첫 번째 땋을 머리 가닥을 가운데 가닥 아래로 땋는다.

③ 맞은 편 가닥도 같은 방법으로 아래로 땋는다.

④ 같은 방법으로 진행한다(땋아진 형태).

⑤ 완성(기본 땋기보다 입체감 있는 매듭으로 표현된다).

3) 콘로우 땋기

① ①번 가닥을 ②번 아래로 땋는다.

② ③번 가닥을 ①번 아래로 땋는다.

③ ②번 가닥을 ③번 아래로 땋는다.

④ ①번 가닥을 위쪽으로 재껴 놓는다.

⑤ 두피 면의 머리를 1㎝가량 걷어 ③번 가닥에 놓는다.

⑥ ①번 가닥과 ②번 가닥을 교차 시킨다.

⑦ 교차한 상태

⑧ 맞은편도 같은 방법으로 진행한다.

⑨ 양쪽 모두 진행한 상태.

⑩ 완성

8. 꼬기(twist)

꼬기 디자인은 한 가닥 또는 두 가닥 꼬기 등이 있으며 꼬는 방법에 따라 다양한 스타일이 연출된다. 또한 머리 가닥의 양에 따라서 볼륨감 있는 컬을 연출할 수도 있으며 한 면의 포인트로도 연출되어진다.

1) 한가닥 꼬기

① 원하는 두께만큼 머리 가닥을 잡아 한 방향으로 타이트하게 비튼다.

② 완성

2) 두가닥 꼬기(Ⅰ)

① 머리를 두 가닥 잡아 서로 교차한다.

② 위로 올라온 가닥을 앞쪽으로 비튼다.

③ 아래가닥과 위 가닥을 서로 교차해가면서 같은 방법으로 진행한다.

④ 완성

3) 두가닥 꼬기(Ⅱ)

① 두피 면의 머리를 두 가닥으로 나눈다.

② 두 가닥을 서로 교차하여 위 가닥을 비튼다.

③ 두피 면의 머리를 걸어 아래가닥과 합한 후 비튼다.

④ 완성

9. 엮기

엮기 디자인은 바구니를 짜는 방법과 같은 예로 업스타일 디자인에 있어서 면에 이용하였을 때는 입체감 있는 질감을 나타내주기도 하지만 토대위에서는 장식적인 역할도 해주는 기법이다.

1) 양편 끌어 엮기

① 머리를 다섯 가닥으로 나눈다(더 많은 가닥으로 나눌 수 있다).

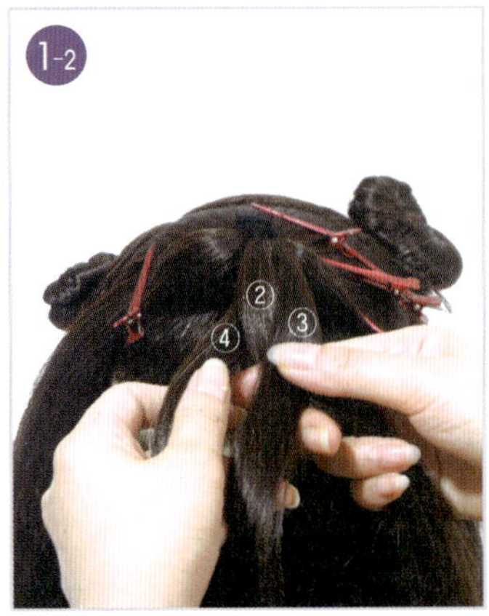

② ②, ③, ④를 세 가닥 기본 땋기 한다.

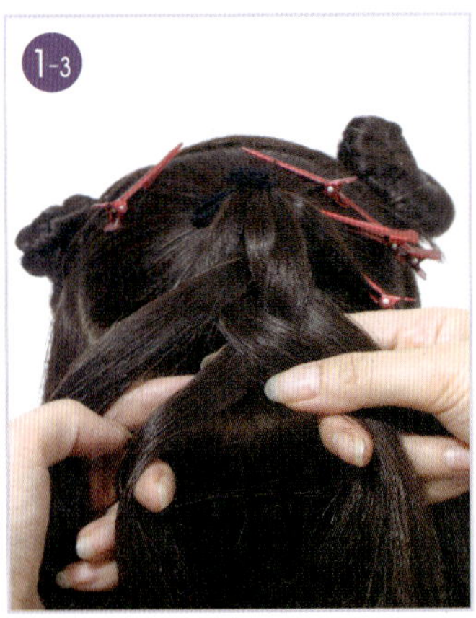

③ ①를 ③밑으로 ④위로 엮는다.

④ ⑤를 ②밑으로 ①위로 엮는다.

⑤ 완성

2) 편 끌어 엮기

① 머리를 ①과 ②로 잡는다.

② ①밑으로 ②를 넣는다.

③ ③을 ①위로 ②밑으로 엮는다.

④ ④를 ①밑으로 ②위로 ③밑으로 엮는다.

⑤ ⑤를 ①위로 ②밑으로 ③위로 ④밑으로 엮는다.

⑥ 완성

4장. 스타일

1. 롱 헤어디자인

1) 캐쥬얼 디자인 Ⅰ

(1) 이미지

곡선의 강조로 연출되어지는 업스타일 디자인에서 탈피하여 셋팅하지 않은 자연 생머리로 모근을 트위스트하고 모선을 직선으로 세워 샤기한 질감을 그대로 표현함으로써 활동적이고 발랄한 이미지, 유쾌하고 명랑한 분위기에 속도감 있는 감각의 캐쥬얼 이미지를 나타낸다.

(2) 스타일 포인트

① 모발 상태는 단차가 적은 롱 헤어이다.
② 각 토대의 모량을 브록킹으로 조절한다.
③ 모선의 방향을 계획하면서 머리다발을 트위스트하고, 모두 같은 방향으로 트위스트하여 균형감을 이룬다.
④ 트위스트한 머리다발은 본래의 상태로 되돌아가려는 힘이 강하므로 핀고정을 단단히 해준다.
⑤ 타이트한 매듭의 가닥을 빼내어 자연스런 컬의 느낌을 나타내주고 부피를 늘려 볼륨감을 얻는다.
⑥ 비튼 매듭의 가닥을 얇게 잡아 빼내어 가벼운 질감의 효과를 얻는다.

(3) 브록킹

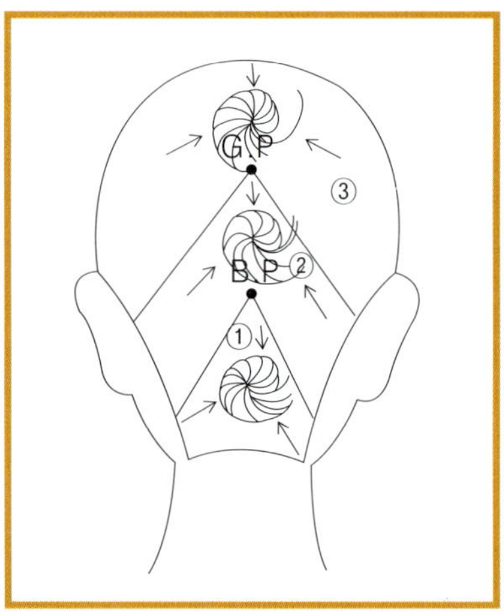

① 가르마가 없는 올백 스타일
② B.P~ N.P까지 좌 · 우를 연결한다.
③ G.P~E.P까지 좌 · 우를 연결한다.

* 전체적으로 콘케이브 라인으로 브록킹하여 라인을 커버한다.

Before

① 헤어라인에 스틱왁스를 바른다.

② 시술에 따라 브록킹한다.

③ 네이프 헤어라인에 스틱왁스를 바른다.

④ 네이프의 두피 면에 백콤을 넣는다.

⑤ 모근부에서부터 타이트하게 한가닥 꼬기를 시작한다(오른쪽방향).

⑥ 모발 중간부까지 진행한다.

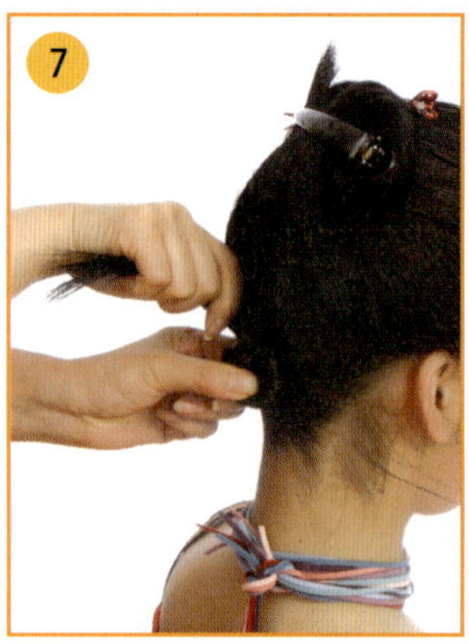

⑦ 꼬아진 머리를 둥근 고리형태로 말아 고정한다(모선이 오른쪽으로 향함).

⑧ 네이프의 매듭완성

⑨ 백의 두피 면에 백콤을 넣는다.

⑩ 동일한 방법으로 한 가닥 꼬기를 하여 고정한다(대핀 이용).

⑪ 꼬아진 매듭을 한 가닥씩 빼내어 자연스런 컬의 형태와 부피감을 만든다.

⑫ 백의 매듭도 동일한 방법으로 진행한다.

⑬ 두개의 매듭 완성

⑭ 탑의 머리도 동일한 방법으로 꼬아서 고정한다.

⑮ 매듭의 가닥을 빼낸다.

⑯ 모선의 머리를 펼쳐서 샤기한 이미지를 연출한다.

4°C
jeans

2) 캐쥬얼 디자인 Ⅱ

(1) 이미지

쿠션처럼 가벼우면서 자유분방하게 흩어진 듯한 컬의 형태를 그대로 살려 목선을 풍성하게 감싸줌으로써 소녀적 취향으로 귀엽고 사랑스러우며 발랄한 로맨틱 캐쥬얼 이미지이다.

(2) 스타일 포인트

① 모발 상태는 단차가 적은 롱 레이어이다.
② 각 토대의 모량을 정확히 분배할 수 있는 브로킹이 필요하다.
③ 내츄럴한 컬의 질감과 움직임을 능숙하게 조작하기 위해서 면을 완전히 채울 수 있는 양감 백콤을 단단하게 넣어준다.
④ 볼륨이 형성되는 토대의 위치를 정확히 잡는다.
⑤ 매끄러운 면의 질감과 거친 듯한 컬의 질감이 서로 대조를 이루면서 조화로운 실루엣을 나타낸다.

(3) 브로킹

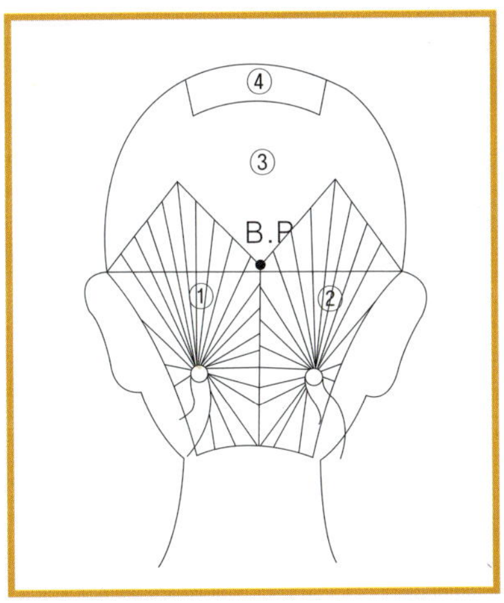

① 짧은 프론트 머리를 분류한다.
② E.P~B.P~E.P를 M자형으로 연결한다.(각 토대의 모량을 똑같이 분배하기 위해서)
③ B.P~N.P를 연결한다.

Before

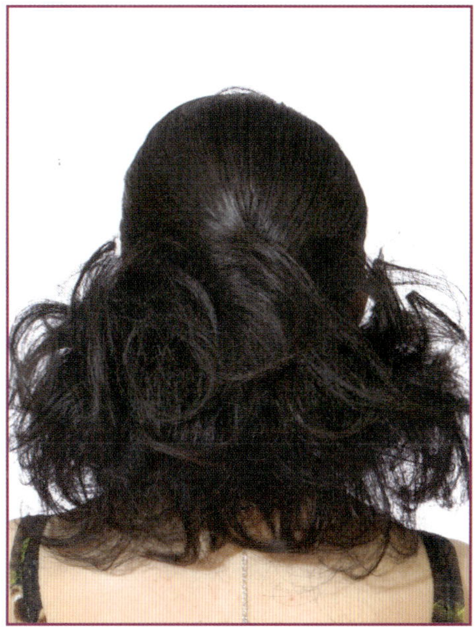

① 스타일에 따라 브록킹 한다.

② 왼쪽의 머리를 네이프 사이드에 묶음 토대를 만든다.

③ 오른쪽도 같은 위치에 토대를 만든다.

④ 프론트 머리를 제외하고 탑과 사이드머리를 매끄럽게 빗질한 후 B.P에 토대의 위치를 정한다.

⑤ 회전시킨 머리다발을 대핀으로 고정한다.

⑥ 토대가 느슨해지지 않게 U핀으로 고정한다.

⑦ 토대 완성

⑧ 볼륨이 만들어질 컬 전체에 백콤을 넣는다.

⑨ 섹션을 조금씩 잡아 백콤을 한다(백콤의 볼륨을 최대화하기 위해).

⑩ 백콤이 풀리지 않도록 스프레이를 뿌린다.

⑪ 백콤의 형태를 유지하면서 불규칙한 컬의 형태를 만들어 구성한다.

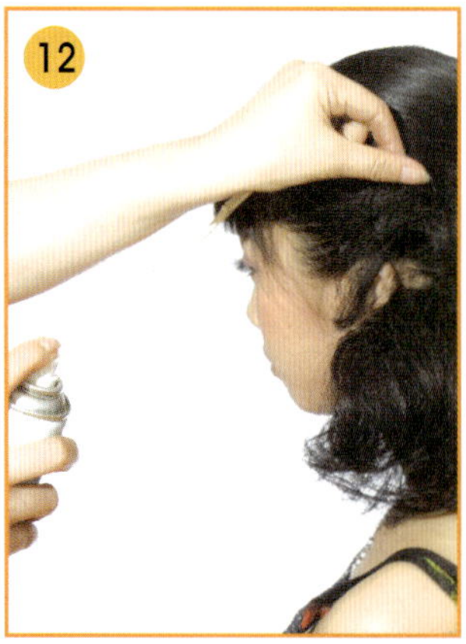

⑫ 스프레이를 뿌리면서 컬의 움직임을 연출한다.

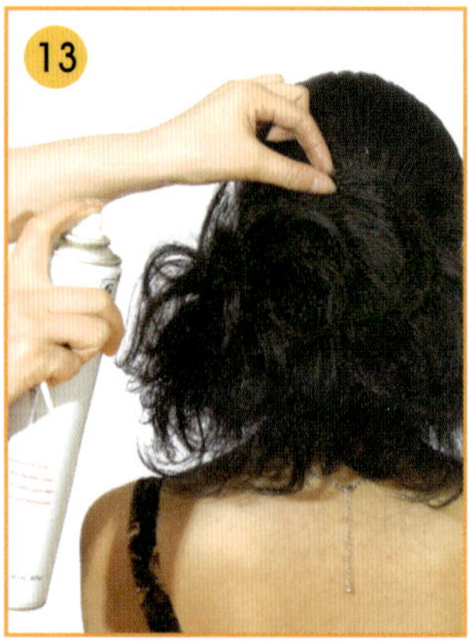

⑬ 볼륨의 높이와 넓이의 균형을 맞추어 구성한다.

⑭ 완성된 앞모습

4장 스타일

3) 롱 샤기 디자인

(1) 이미지

타이트한 면 위에 느슨한 컬을 불규칙하게 구성하고 내츄럴하고 소프트한 볼륨감을 최대화하여 여성스럽고 우아한 페미닌 이미지를 나타낸다.

(2) 스타일 포인트

① 모발 상태는 단차가 적은 롱 레이어이다.
② 백콤으로서 모발의 부피감을 얻기 위해 브러싱 백콤을 한다.
③ 백콤을 그대로 유지하면서 컬의 형태를 만든다.
④ 볼륨의 크기를 두상의 형태에 따라 탑에서 네이프 쪽으로 축소해간다.
⑤ G.P에서 얻은 컬은 탑과 골덴에, B.P에서 얻은 컬은 백과 네이프에 구성한다.
⑥ 가볍고 자유로운 컬의 움직임으로 내츄럴한 볼륨을 얻는다.

(3) 브록킹

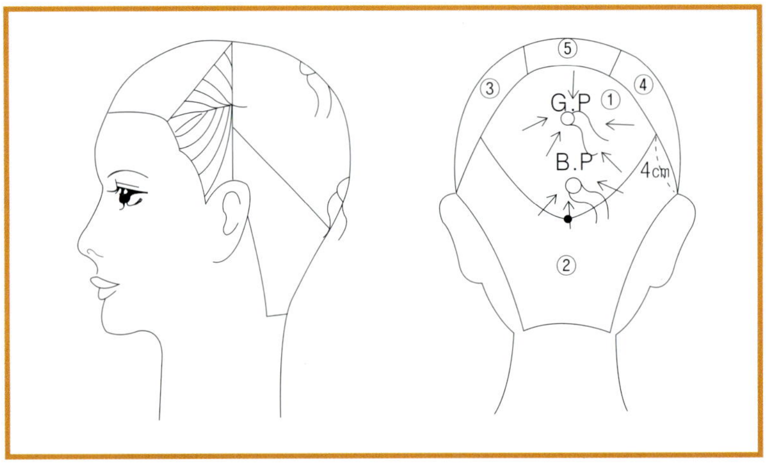

① 8:2의 사이드 가르마를 설정한다(가르마의 폭: 4㎝).
② E.P~T.P~E.P(이어투이어라인)를 나눈다.
③ T.P에서 F.S.P를 연결한다.
④ E.P에서 탑쪽으로 4㎝올라가서 B.P를 연결한다(크라운과 네이프로 나눠짐).

Before

① 스타일에 따라 브록킹 한다.

② G.P와 B.P에 두개의 묶음 토대를 만든다.

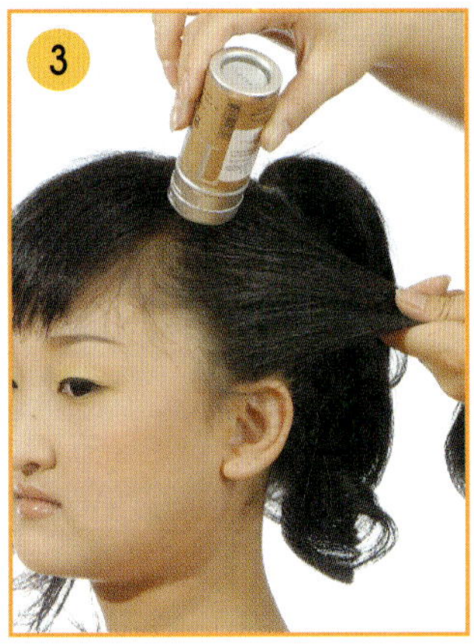

③ 헤어라인에 잔머리 커버를 위해 스틱왁스를 바른다.

④ 사이드 머리를 한가닥 꼬기한다(아래쪽으로 꼬기).

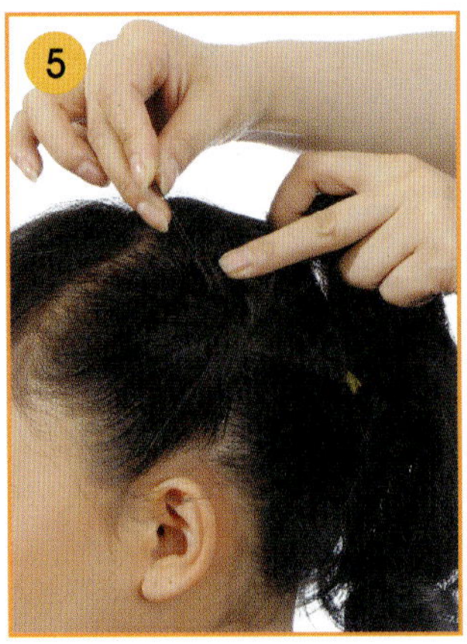

⑤ 꼬아진 머리를 둥근 고리를 만들어 고정한다.

⑥ 반대편도 동일한 방법으로 진행한다.

⑦ G.P토대의 머리를 브러쉬를 이용하여 모선까지 부피감 있게 백콤을 넣는다.

⑧ B.P토대의 머리도 동일한 방법으로 백콤한다.

⑨ 백콤이 풀리지 않도록 스프레이를 뿌린다.

⑩ 백콤을 제거하지 않고 내추럴한 컬을 만들어 고정한다.

⑪ 앞쪽부터 시작한 후 사이드, 후두부 쪽으로 진행한다.

⑫ G.P토대 컬의 완성

⑬ B.P토대의 컬도 동일한 방법으로 진행한다(볼륨, 균형감, 형태 고려).

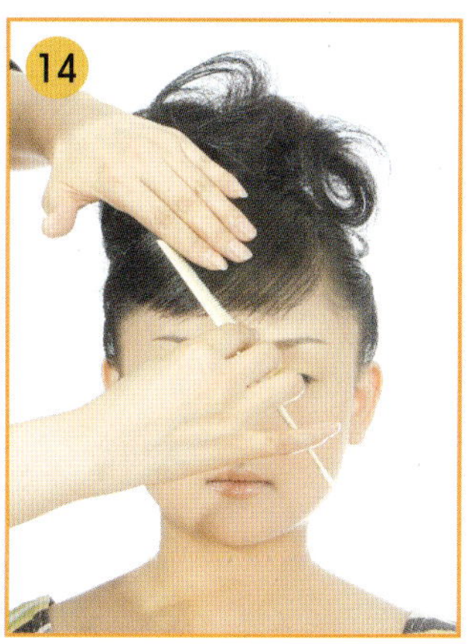

⑭ 프론트는 뱅머리로 처리한다.

⑮ 완성된 뒷모습

⑯ 완성된 앞모습

4) 엘레강스 디자인 Ⅰ

(1) 이미지

볼륨감 있는 곡선의 실루엣을 잘 살린 탑의 시뇽과 네이프 쪽으로 부드럽고 자연스럽게 흘러내리는 컬을 길게 늘어뜨려 우아한 여성미를 강조한 페미닌 이미지이다.

(2) 스타일 포인트

① 모발 상태는 롱 레이어이다.
② 큰 시뇽에서 느껴지는 무게감을 네이프쪽에 구성한 부드럽고 율동감 있는 S컬 웨이브와 매치하여 질감의 조화를 준다.
③ 시뇽의 크기는 두상의 크기와 비례하게 구성하여 안정감을 준다(토대위에 구성한 볼륨의 형태가 두상의 크기보다 작을 때 얼굴이 더욱 커 보인다).
④ 시뇽의 형태가 평면이 되지 않도록 시술한다.
⑤ S컬 웨이브를 어깨선 아래까지 늘어뜨려 여성스러움을 강조한다.

(3) 브록킹

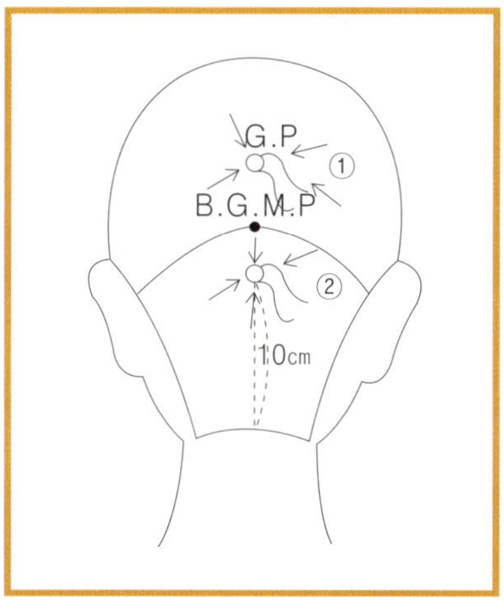

① 가르마가 없는 올백 스타일이다.
② E.B.P~B.G.M.P~E.B.P까지 연결한다.

* 브록킹 라인이 보이지 않도록 콘케이브 라인으로 브록킹한다.

Before

① 스타일에 따라 브록킹 한다.

② G.P에 묶음 토대를 만들고 머리다발이 앞쪽으로 향할 수 있도록 밴드로 모발을 굽힌다.

③ B.P에 묶음 토대를 만들고 머리다발이 아래쪽으로 향할 수 있도록 밴드로 모발을 굽힌다.

④ 백 토대의 매듭을 두피에 밀착시켜 핀으로 고정한다.

⑤ G.P 토대위에 둥근 형태의 싱을 댄다.

⑥ 머리 다발 전체에 백콤을 모선까지 넣는다.

⑦ 머리 표면을 매끄럽게 빗질 한 후 시뇽의 형태를 만든다.

⑧ 시뇽을 핀으로 고정한다.

⑨ 머리의 양쪽을 모아서 핀이 보이지 않도록 감춰 꽂는다.

⑩ 시뇽의 면을 매끄럽게 빗질한다.

⑪ 시뇽끝의 머리와 백 토대의 머리를 아이롱으로 웨이브를 만든다.

⑫ 말아진 웨이브를 무작위로 배열하여 고정한다(볼륨의 균형감 고려).

⑬ 완성된 옆모습

⑭ 완성된 뒷모습

5) 엘레강스 디자인 II

(1) 이미지

두피 면에서부터 볼륨을 확장하고 자연스런 컬을 연출하여 성숙한 이미지에 맞게 차분하면서 여성스런 엘레강스 이미지를 나타낸다.

(2) 스타일 포인트

① 모발 상태는 롱 레이어이다.
② 모발의 길이를 최대한 활용하여 볼륨을 형성하기 위해 백콤 토대와 핀토대로 시술한다.
③ 보조싱을 이용해서 볼륨과 토대의 고정력을 강화한다.
④ 토대의 위치와 섹션의 분배를 계획하며 시술한다.
⑤ 스타일의 볼륨이 탑에서 네이프까지 자연스럽게 연결되도록 시술한다.
⑥ 모델의 얼굴형을 고려해서 두피 면의 볼륨을 최대화한다.

여성의 경우 연령이 높아질수록 얼굴의 윤곽이 본래의 골격 형태를 나타내기 때문에 양미간이 함몰되고 광대뼈가 튀어나오는 얼굴형으로 바뀌게 된다. 따라서 이러한 결점을 커버해줄 수 있는 디자인이 필요하다.

(3) 브록킹

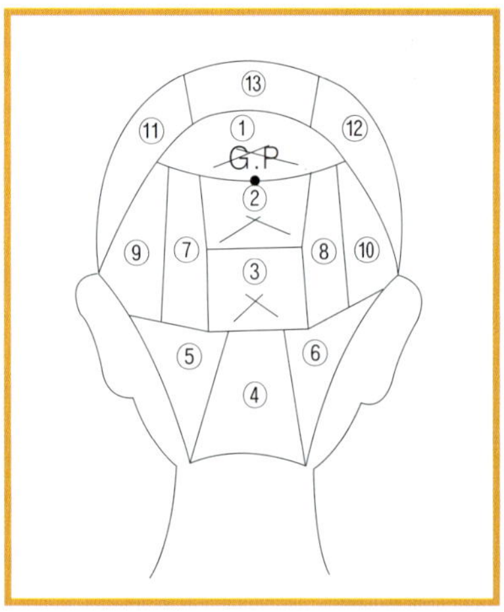

① 6:4의 사이드 가르마를 설정한다.
② E.P~T.P~E.P(이어투이어라인)를 연결한다.
③ T.P~F.S.P를 연결한다.
④ T.P~G.P까지 탑 섹션을 뜬다.
⑤ 크라운의 면을 6등분 한다.
⑥ 네이프의 면을 3등분 한다.

Before

① 스타일에 따라 브록킹 한다.

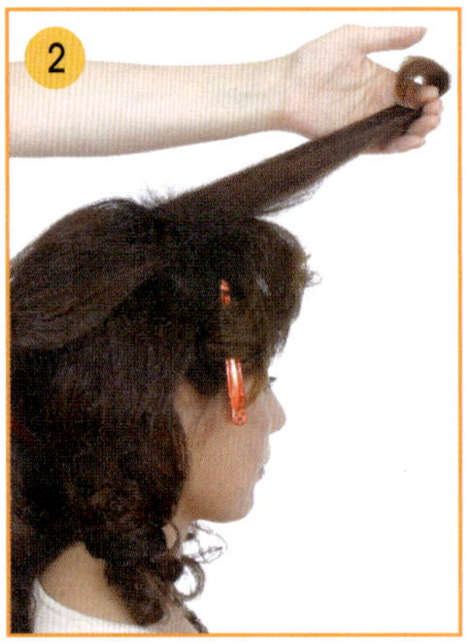

② 백콤을 넣을 패널의 각도를 참고한다.

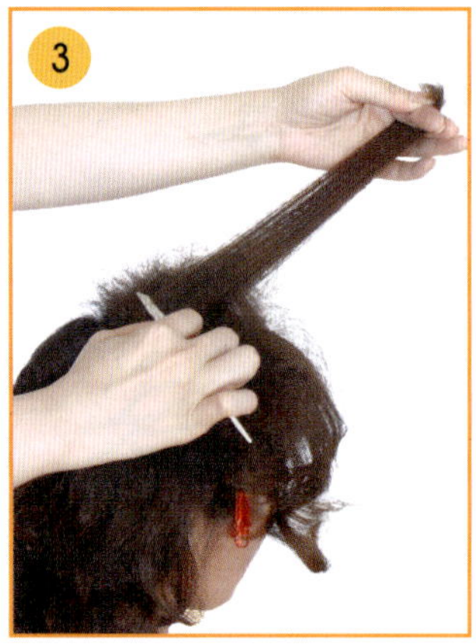

③ 탑의 모근부분에 강한 백콤을 넣는다.

④ 핀토대를 만든다.

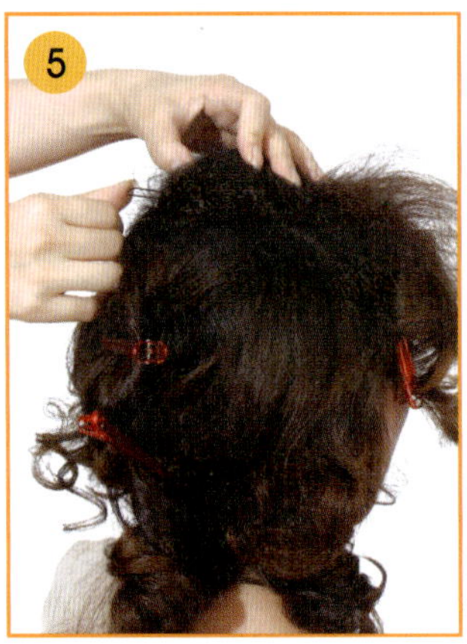

⑤ 토대에 싱을 댄다.

⑥ 골덴의 모근부분에 강한 백콤을 넣는다.

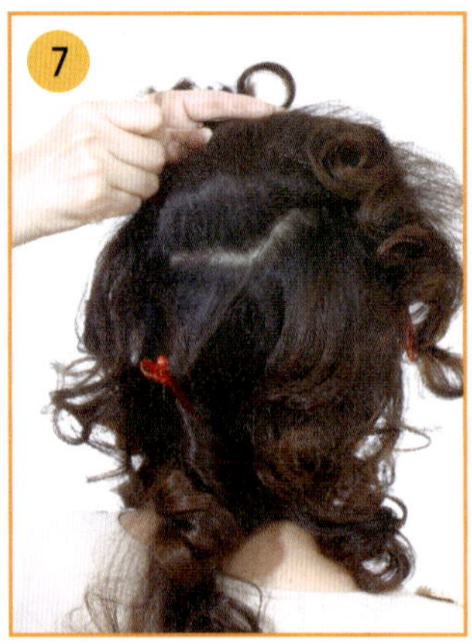

⑦ 탑쪽으로 끌어 싱 위에 고정한다.

⑧ 골덴에 싱을 댄다.

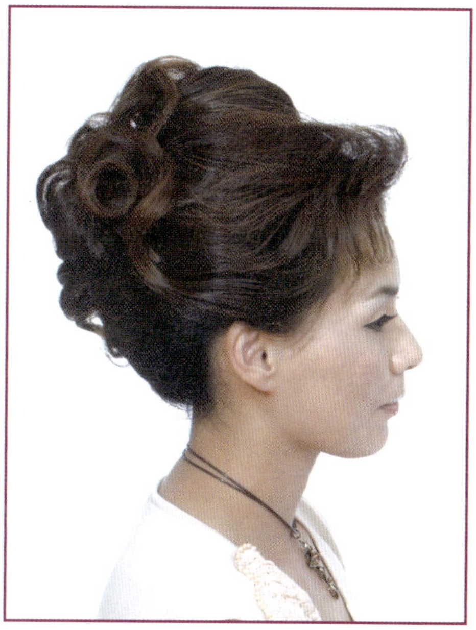

⑨ 백의 머리를 동일한 방법으로 진행한다.

⑩ 백에 싱을 댄다.

⑪ 백 사이드 좌 · 우에서 한 가닥씩 패널을 떠낸다.

⑫ 양쪽 패널을 교차시켜 싱을 감싸 고정한다.

⑬ 네이프 센타 머리를 백의 싱 위에 고정한다.

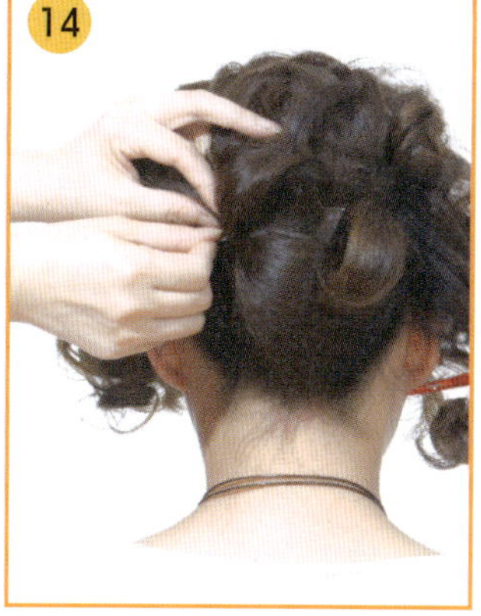

⑭ 네이프 사이드의 머리를 교차시켜 고정한다.

⑮ 백 사이드 머리를 2등분하여 골덴의 싱 위에 고정한다.

⑯ 반대편도 동일한 방법으로 진행한다.

⑰ 백 사이드의 나머지 한 가닥은 백의 싱 위에 고정한다.

⑱ 탑의 머리를 브러싱으로 형태를 잡아 고정한다.

⑲ 사이드에 백콤을 넣는다.

⑳ 수평으로 끌어서 컬을 꺾어 고정한다.

㉑ 반대편도 같은 방법으로 진행한다.

㉒ 토대위에 볼륨감 있는 컬을 연출한다.

㉓ 볼륨의 완성

㉔ 프론트는 이마부분을 세워주고 탑과 연결하여 자연스럽게 연출한다.

6) 클래식 디자인

(1) 이미지

전체적으로 타이트하고 정돈된 실루엣으로 S컬을 탑에서 백까지 볼륨감 있게 배치하고 프론트의 뱅머리를 조화시킴으로써 현대적 감각의 모던함과 고전적 이미지를 모두 포함한 스타일이다.

(2) 스타일 포인트

① 모발 상태는 단차가 적은 롱 레이어 스타일이다.
② 볼륨의 위치가 두상의 아래쪽으로 떨어지지 않도록 토대의 정확한 위치를 설정한다.
③ 네이프의 수직라인이 정중선과 일직선이 되도록 한다.
④ S컬의 구성을 매끄럽고 균형감 있게 표현한다.
⑤ 볼륨의 실루엣이 탑에서 백까지 자연스럽게 연결되도록 시술한다.
⑥ 짧은 프론트 머리는 뱅스타일로 시술한다.

(3) 브록킹

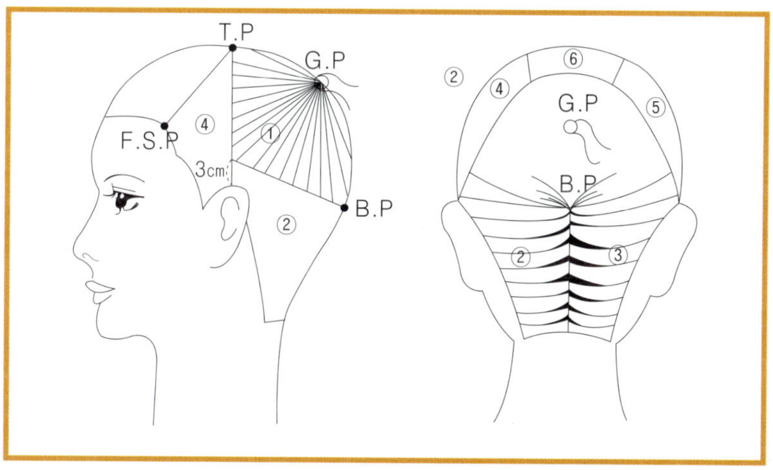

① 7: 3의 사이드 가르마로 설정한다.
② E.P~T.P~E.P(이어투 이어라인)를 나눈다.
③ T.P~F.S.P를 연결한다.
④ E.P에서 T.P 쪽으로 3㎝올라간 지점에서 B.P를 연결한다.
⑤ B.P에서 N.P를 연결한다.

Before

① 스타일에 따라 브록킹 한 상태

② 토대 안에 볼륨과 단단함을 위해 백콤을 넣는다.

③ G.P에 묶음 토대를 만든다(토대 위치가 아래로 처지거나 한쪽으로 치우치지 않도록 주의)

④ 2등분한 네이프 면의 한쪽을 모근 부분에 강한 백콤을 넣는다.

⑤ 왼쪽 면의 머리를 수평으로 끌어당겨 표면을 매끄럽게 빗질한다(백콤이 들어간 부분에 스프레이 처리).

⑥ 끌어당긴 머리을 회전시켜 대핀으로 고정한다.

⑦ 네이프 왼쪽의 완성으로 브록킹 라인과 일직선이 되게 한다.

⑧ 맞은편의 머리도 같은 방법으로 시술한다(두 개의 회전롤이 네이프 면에 수직라인을 형성).

⑨ 완성된 롤이 흐트러지지 않도록 U핀으로 꿰매듯 양쪽면을 고정한다(U핀이 보이지 않도록 감추어 꽂기).

⑩ 묶음 토대를 감싸 보조 싱을 댄다(위 토대와 네이프의 머리다발 사이에 고정).

⑪ 사이드 모근부에 백콤을 넣는다.

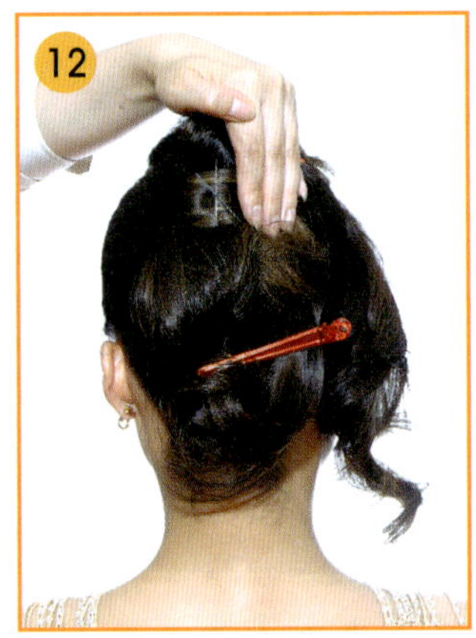

⑫ 사이드 머리를 수평으로 끌어당겨 토대 뒷부분에 실핀으로 고정한 후 나머지 머리는 싱을 감싸 고정한다.

⑬ 맞은 편 사이드 머리도 같은 방법으로 처리한다.

⑭ 토대위의 머리를 4등분으로 나눈다.

⑮ 토대위의 머리가닥을 S컬의 흐름을 잡아 탑에서 백까지 연결하여 균형감 있게 고정한다.

⑯ 프론트는 뱅머리로 완성한다.

7) 로맨틱 디자인 Ⅰ

(1) 이미지

탑, 크라운, 네이프 면에 둥글고 부드러운 형태의 시뇽 디자인을 연출함으로써 여성스럽고 소녀적인 로맨틱 이미지를 나타낸다.

(2) 스타일 포인트

① 모발 상태는 단차가 적은 롱 레이어이다.
② 시뇽 디자인의 포인트는 곡선적인 면의 흐름과 매끄러운 질감 표현이다.
③ 시뇽의 형태가 커질수록 평면으로 되기 쉽고 모류가 산만해질 수 있다.
④ 지나치게 많은 양의 스프레이를 사용했을 시 면이 갈라지게 되므로 모발 본래의 흐름과 윤기를 최대한 이용한다.
⑤ 시뇽을 규칙적으로 배열한다.
⑥ 브록킹 라인이 보이지 않도록 시술한다.

(3) 브록킹

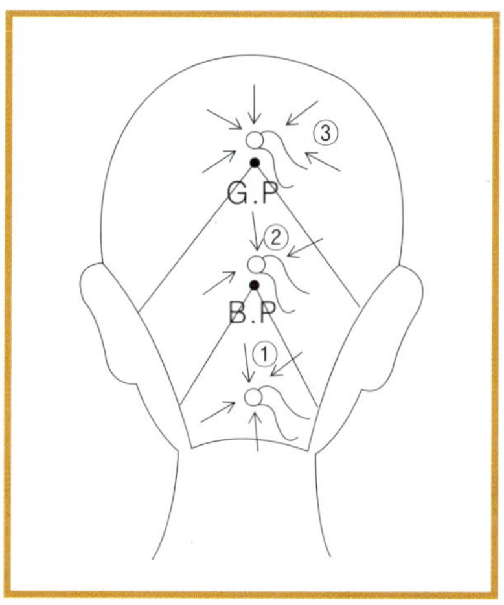

① N.S.P(2㎝올라간 지점)~B.P~N.S.P(2㎝올라간 지점)을 연결한다.
② E.B.P~G.P~E.B.P를 연결한다.

*시술 후 브록킹 라인이 보이지 않도록 곡선의 콘케이브 라인으로 브록킹한다.

Before

① 스타일에 따라 브로킹 한다(스타일 완성시 브로킹 라인이 드러나지 않도록 콘케이브 라인).

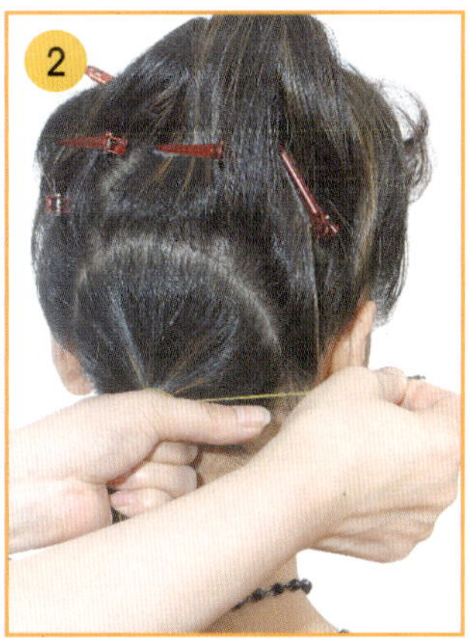

② 네이프에 묶음 토대를 만든다.

③ 백에 묶음 토대를 만든다.

④ 탑에 묶음 토대를 만든다.

⑤ 3개의 토대가 완성된 상태.

⑥ 고무줄이 보이지 않도록 밴딩 처리한다.

⑦ 네이프 토대의 머리를 모선까지 백콤을 넣는다.

⑧ 머리가 갈라지지 않도록 망을 씌운다.

⑨ 롤을 안쪽으로 말아 시뇽을 만든다.

⑩ 백콤이 풀리지 않게 스프레이를 뿌린다.

⑪ 백의 시뇽처리

⑫ 탑의 시뇽처리

⑬ 완성된 뒷모습

⑭ 완성된 앞모습

8) 로맨틱 디자인 Ⅱ

(1) 이미지

부드러운 질감의 롤뱅으로 탑을 볼륨감 있게 구성하여 여성스럽고 순결한 로맨틱 이미지를 연출한다. 로맨틱은 감성적이고 여성적인 스타일로서 여성에게 가장 사랑받는 영원한 테마로 신부 스타일에서 추구되어지는 이미지이다.

(2) 스타일 포인트

① 모발 상태는 롱 레이어이다.

② 둥근 얼굴형을 고려하여 후두부 아래쪽 네이프의 면을 탑 쪽으로 타이트하게 끌어올린다.

③ 일정한 크기의 롤뱅을 균형감 있게 구성하여 탑에서 백까지 자연스럽게 연결한다.

④ 후두부 백 아래의 형태는 두상의 움직임에 따라 고정된 모발이 느슨해질 수 있으므로 쉐이핑과 핀고정에 텐션을 주어 시술한다.

⑤ 볼륨의 위치가 탑 아래로 떨어지지 않도록 토대의 위치(G.P)를 정확히 잡는다.

(3) 브록킹

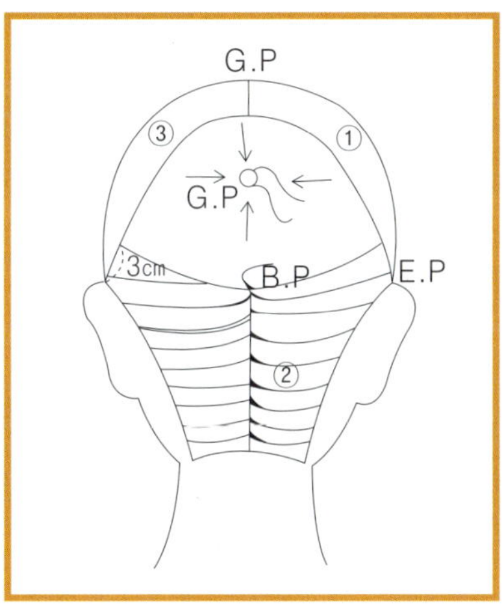

① 5:5의 센타 가르마를 설정한다(가르마의 폭: 5㎝).

② E.P~T.P~E.P(이어투이어라인)를 나눈다.

③ E.P에서 탑쪽으로 3㎝ 올라가서 B.P를 연결한다(크라운과 네이프로 나눠짐).

Before

① 스타일에 따라 브록킹 한다.

② G.P에 토대의 위치를 잡는다(토대가 아래로 쳐지지 않게 주의).

③ 네이프 면 전체의 모근 부분에 백콤을 넣는다.

④ 센타쪽을 향하여 수평으로 빗질한다.

⑤ 정중선이 일직선으로 실핀을 꽂는다.

⑥ 반대편의 머리를 업 15° 방향으로 빗질하여 형태를 잡는다.

⑦ 윤곽롤을 말아 일직선이 되게 고정한다.

⑧ 롤이 흘러내리지 않게 U핀으로 고정한다.

⑨ G.P의 토대를 감싸 싱을 댄다.

⑩ 센타 가르마를 한 후 프론트와 사이드의 머리에 백콤을 넣는다.

⑪ 매끄럽게 빗질하여 머리 전체를 비틀어 고정한다.

⑫ 반대편도 동일한 방법으로 진행한다.

⑬ G.P토대의 머리를 5등분한다.

⑭ 고리형 롤을 만들어 볼륨을 구성한다.

⑮ 네이프에서 얻어진 머리 가닥도 같은 방법으로 롤을 구성한다.

⑯ 사이드 머리도 동일한 방법으로 롤을 구성한다.

9) 다운 롤 디자인

(1) 이미지

앞 가르마하여 앞머리를 센타 가르마하여 옆으로 깨끗하게 붙여주고 다운 시뇽을 구성한 스타일로, 단아하고 고전적인 이미지이다. 지나친 고전미와 다운 스타일에서 주는 성숙한 이미지를 커버하기위해 롤뱅으로 구성한다.

(2) 스타일 포인트

① 모발의 상태는 단차가 적은 롱 레이어이다.

② 탑에 볼륨을 주지 않음으로써 두상이 자칫 짧아 보일 수 있으므로 네이프의 헤어라인이 충분히 덮이도록 시뇽의 위치를 네이프 아래쪽으로 내려서 구성한다.

③ 프론트의 가르마 폭이 T.P를 넘지 않게 한다.

④ 프론트 머리와 사이드의 머리를 교차시켜 연출함으로서 밋밋함을 커버한다.

⑤ 시뇽과 고리형 롤뱅으로 구성한 네이프의 볼륨 형태가 두상의 크기에 비례하도록 한다.

(3) 브록킹

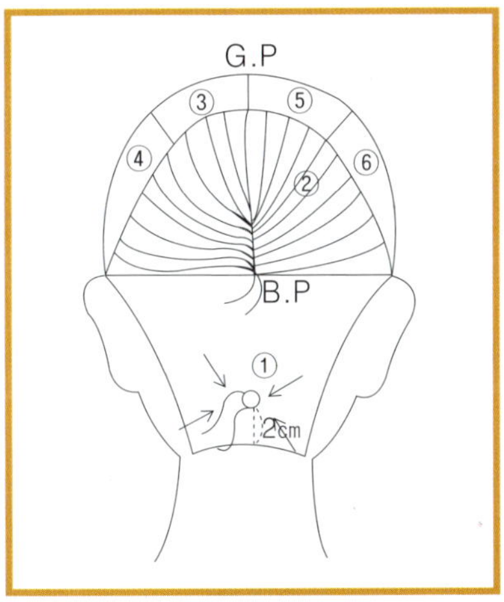

① 5:5의 센타 가르마로 설정한다(가르마 폭: 5㎝).

② E.P~T.P~E.P(이어투이어라인)를 나눈다.

③ T.P~F.S.P를 연결한다.

④ E.P~B.P~E.P(사이드 라인)을 연결한다.

Before

① 스타일에 따라 브록킹 한다.

② 네이프 면에 묶음 토대를 만든 후 백콤을 넣는다(백콤의 방향과 토대위치 고려).

③ 표면을 매끄럽게 빗질한다(머리 다발의 아래쪽 표면만 빗질).

④ 빗질한 머리에 망을 씌운다(머리색과 동일한 컬러의 망 사용).

⑤ 망의 씌운 후 롤을 말아 시뇽을 만든다.

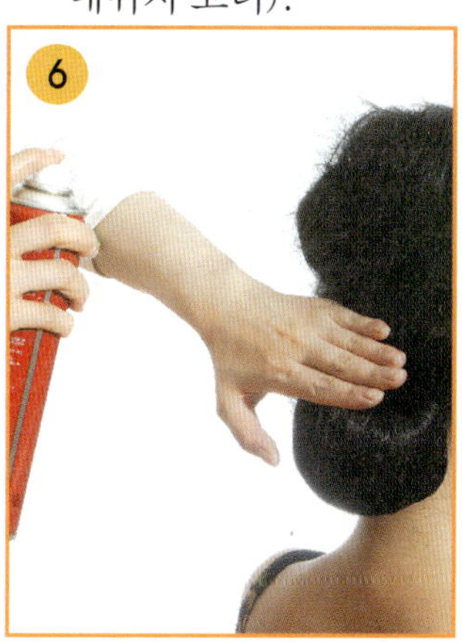

⑥ 크라운 머리의 모근부분에 강한 백콤을 넣은 후 스프레이를 뿌린다(모선 부분에 스프레이가 뿌려지지 않도록 주의).

⑦ 크라운의 머리 표면을 매끄럽게 빗질하여 백콤을 제거한다(백콤이 눌리지 않게 표면을 떠내듯 빗질).

⑧ 빗질한 크라운 머리를 백에 고정하여 회전 토대를 만든다.

⑨ 전두부를 센타 가르마 하여 프론트와 사이드로 나누어 브록킹한다.

⑩ 프론트의 머리를 네이프쪽으로 끌어당겨 두 번 비튼 후 네이프의 토대에 고정한다.

⑪ 사이드 머리의 모근부분에 백콤을 넣어준다.

⑫ 머리 표면을 매끄럽게 빗질 한 후 수평으로 끌어 백 토대에 고정한다.

⑬ 반대편도 동일한 방법으로 시술한다.

⑭ 토대위에 머리를 고리형 롤을 이용하여 볼륨을 형성한다(롤이 백에서 네이프의 시농뱅까지 연결 되어야 함).

⑮ 완성된 뒷모습

⑯ 완성된 앞모습

10) 다운 S컬 디자인

(1) 이미지

삼각형 형태의 볼륨이 네이프 면에 넓게 자리 잡아 차분하고 안정된 다운 스타일로서 여성스런 엘레강스 이미지를 나타낸다.

(2) 스타일 포인트

① 모발 상태는 단차가 적은 롱 레이어이다.
② 마름모형 얼굴형으로, 삼각 턱 라인을 커버하기 위해 네이프에 좌 · 우로 확장된 오블레이트형의 큰 롤을 구성하여 연출하며, 좁은 이마 역시 뱅으로 가려 커버해준다.
③ 롤이 얼굴 전면에서 볼 때 좌 · 우 대칭이 되도록 균형을 맞춘다.
④ 목선에 자리 잡은 롤의 딱딱함을 커버하기 위해 백 토대의 머리는 부드러운 S컬의 형태로 롤 위에 얹힌다.
⑤ 롤의 토대가 되는 백콤을 모근에서 모선까지 단단하게 넣어준다.

(3) 브록킹

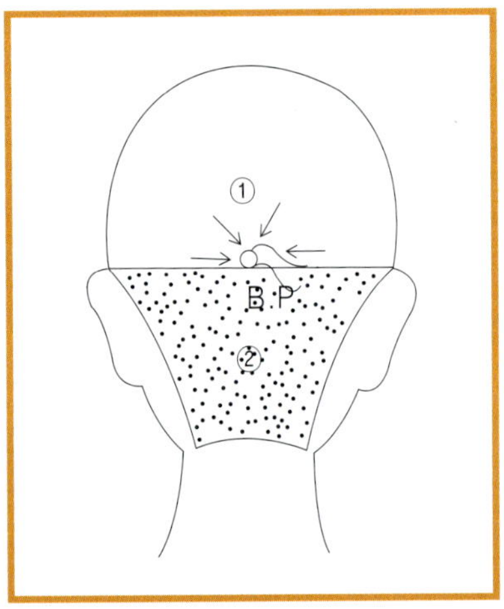

① 짧은 프론트 머리를 분류한다.
② E.P~B.P~E.P를 일직선으로 연결한다.

*네이프의 모량이 적을 경우 브록킹 라인을 백 위쪽으로 이동할 수 있다.

Before

① 스타일에 따라 브록킹 한다.

② 네이프의 전체 머리를 모근에서 모선까지 강한 백콤을 넣는다(백콤 토대).

③ 백콤이 들어간 부분에 스프레이를 뿌린다.

④ 머리 표면의 백콤을 제거한다.

⑤ 머리끝에서부터 안쪽으로 말아간다.

⑥ 말아진 롤을 두피 면에 밀착시킨다.

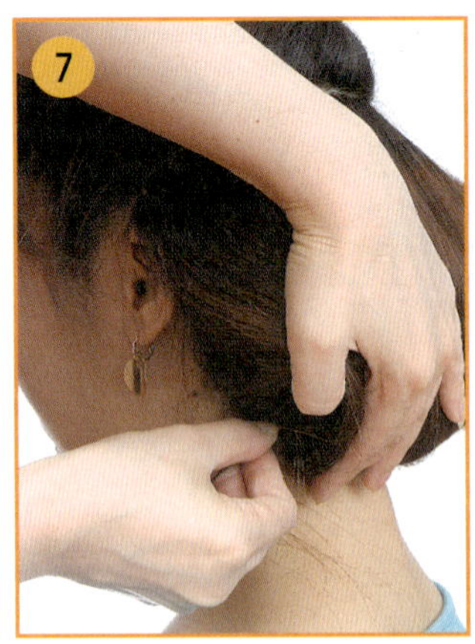

⑦ 롤과 두피 면을 같이 잡아 핀고정 한다(양 사이드에서 고정).

⑧ 귀 뒷머리의 형태를 잡아 좌우 핀고정 한다.

⑨ 롤의 고정을 위해 망을 씌운다.

⑩ 말아진 롤의 사이드 면을 펼쳐서 귀 뒤 핀을 가려 고정한다.

⑪ 롤의 좌 · 우 균형을 맞춘다.

⑫ 사이드라인을 기준으로 위쪽머리를 모두 잡아 묶음 토대를 만든다.

⑬ 묶은 매듭이 들뜨지 않게 아래쪽으로 눌러준다.

⑭ 토대의 머리를 4등분 한다.

⑮ 한쪽사이드 머리가닥을 S컬 형태를 만들어 고정한다.

⑯ 반대쪽 사이드도 동일한 방법으로 진행한다.

⑰ 센타 아래쪽 머리도 동일한 S컬 형태를 만든다(컬의 방향 고려)

⑱ 3개의 컬 완성

⑲ 센타 위쪽 머리도 동일한 S컬 형태를 만든다(컬의 방향 고려).

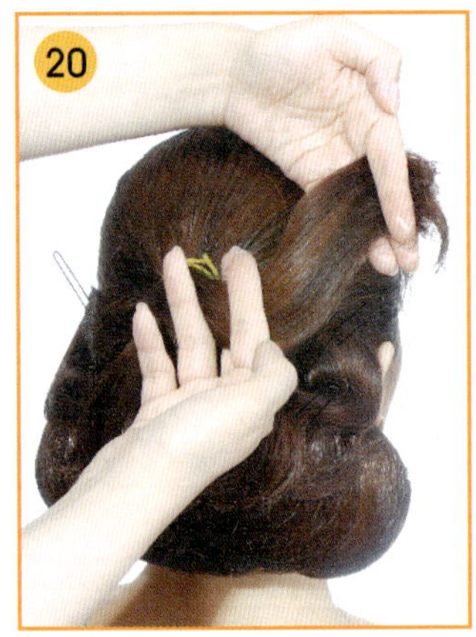

⑳ S컬 진행(머리 가닥을 잡은 손의 위치 고려)

㉑ 완성된 S컬로 토대의 매듭을 커버한다.

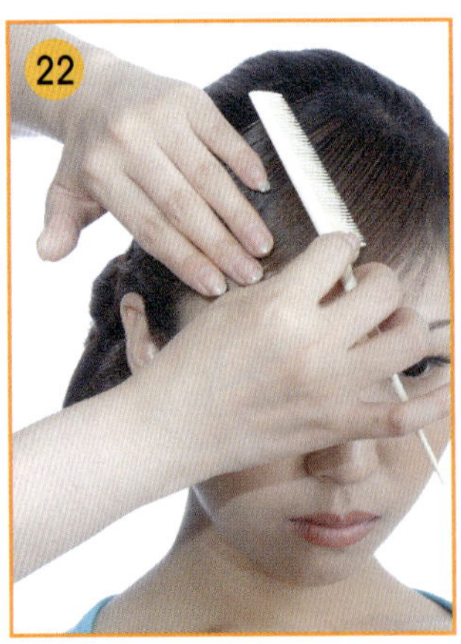

㉒ 프론트 머리는 가지런히 붙여 이마를 가려준다(얼굴형 고려).

㉓ 완성된 뒷모습

㉔ 완성된 앞모습

11) 두가닥 나눠 땋기

(1) 이미지

모발 본래의 검정머리에 응용땋기를 하여 전체의 형태와 질감을 표현한 스타일로, 아프리카의 원시적인 요소를 표현함으로써 에스닉 이미지를 나타낸다.

(2) 스타일 포인트

① 모발 상태는 단차가 적은 롱 헤어이다.
② 브록킹으로 좌 · 우 머리 다발의 모량을 조절한다.
③ 후두부의 형태를 사선으로 교차시켜 땋는다.
④ 땋은 매듭을 규칙적으로 빼내어 자연스럽게 부피감이 더해진 매듭을 만든다.
⑤ 프론트의 머리는 디자인의 사선라인과 긴 얼굴형의 부조화를 커버해주기 위해 땋은 머리로 이마를 가려 둥근 형태로 디자인 한다.

(3) 브록킹

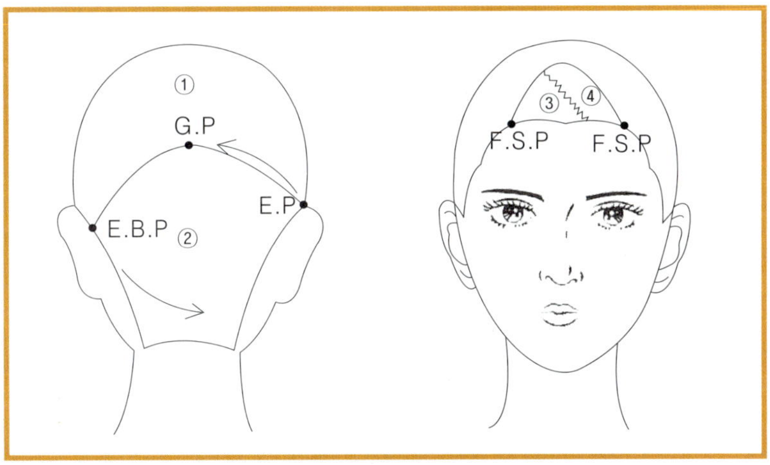

① T.P~F.S.P~T.P를 연결한다.
② 프론트의 면을 사선으로 2등분한다.
③ 후두부 왼쪽 E.B.P~오른쪽 E.P까지 연결한다.

Before

① 스타일에 따라 브록킹 한다.

② 세가닥 땋기를 왼쪽 백 사이드에서부터 시작 한다.

③ 세가닥 위땋기를 한번 한 다음 위쪽 두피면 머리를 걸어서 땋아진 한가닥과 합한다.

④ 합한 오른쪽 머리가닥을 반으로 나누어 땋는다.

⑤ 왼쪽 머리가닥을 반으로 나누어 땋는다.

⑥ 같은 방법으로 사이드까지 진행한다.

⑦ 같은 방법으로 진행한다.

⑧ 밖으로 돌출 되어있는 매듭 가닥을 빼내어 컬을 자연스럽게 연출한다.

⑨ 맞은편 사이드 머리에서부터 진행한다.

⑩ 같은 방법으로 진행

⑪ 같은 방법으로 매듭가닥을 빼낸다.

⑫ 프론트면을 사선으로 2등분한다.

⑬ 한가닥씩 세가닥 나눠 땋기를 한다(동일방법).

⑭ 프론트의 나머지 가닥도 동일한 방법으로 진행

⑮ 먼저 땋은 가닥을 둥그렇게 형태를 잡아 고정한다.

⑯ 나중 땋은 머리를 같은 방향으로 감싸서 고정한다.

12) 응용 두가닥 꼬기 디자인

(1) 이미지

프론트에서 사이드를 연결하여 네이프까지 헤어라인을 따라 느슨하게 꼬아주고 네이프의 뱅을 S자 형태로 목선 아래까지 끌어내려 구성함으로서 성숙한 여성미를 강조한 페미닌 이미지이다.

(2) 스타일 포인트

① 모발 상태는 단차가 적은 롱 레이어이다.
② 앞가르마의 폭이 5㎝를 넘지 않도록 한다.
③ 두 가닥 꼬기를 느슨하게 시술하여 자연스럽게 연출한다.
④ 네이프의 토대가 N.P에 위치하도록 머리다발을 충분히 끌어내려 묶어준다.
⑤ S자의 시뇽이 목선을 감싸는 듯한 형태로 구성 한다
⑥ 긴 머리의 무게감으로 볼륨이 흘러내릴 수 있으므로 핀고정을 단단하게 한다.
⑦ 구슬망으로 포인트를 주어 여성스러움을 강조한다.

(3) 브록킹

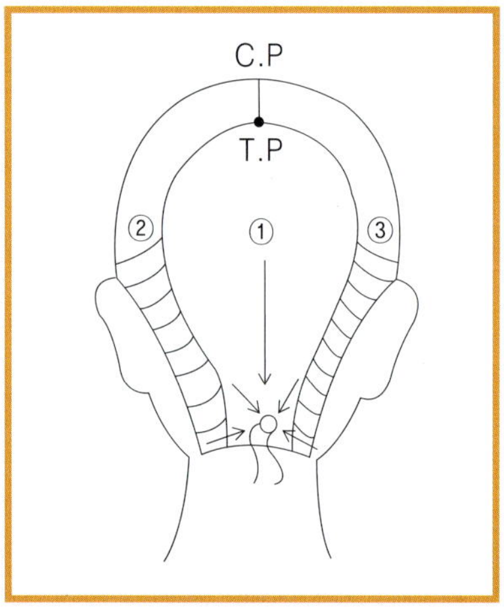

① 5:5의 센타 가르마를 설정한다(가르마 폭: 5㎝).
② T.P에서 두상의 헤어라인을 따라 네이프까지 연결한다(좌 · 우 동일하게).
③ 두 가닥 꼬기 시술시 걷어 올린 머리의 섹션은 2㎝폭으로 뜬다.

Before

① 스타일에 따라 브록킹 한다.

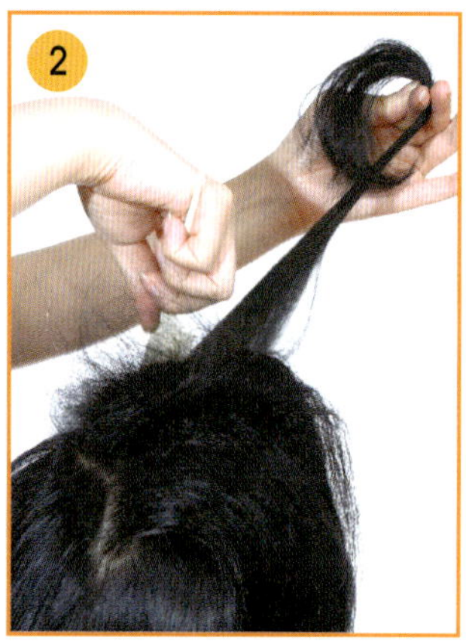

② 후두부 전체를 모근부분에 강한 백콤을 넣는다.

③ 백콤이 들어간 부분에 스프레이를 뿌린다(모선은 스프레이 피함).

④ 머리 표면에 백콤을 제거하여 매끄럽게 빗질한 후 N.P에 묶음 토대를 만든다.

⑤ 센타 가르마를 타고 훼이스 라인을 따라 프론트에서 네이프까지 두 가닥 걸어 꼬기 한다.

⑥ 머리끝은 묶음 토대의 매듭을 감싸 고정한다.

⑦ 반대편도 동일한 방법으로 진행한다.

⑧ 토대의 머리를 두 가닥으로 나누어 한쪽 가닥에 구슬망을 씌운다.

⑨ 망 씌운 가닥을 펼친 후 S자 형태로 만들어 고정한다.

⑩ 나머지 가닥도 동일한 방법으로 진행한다.

⑪ 두개의 S자 형태의 볼륨을 균형감 있게 구성하여 고정한다.

⑫ 완성된 뒷모습

⑬ 완성된 옆모습

⑭ 완성된 앞모습

13) 응용 아래 땋기 디자인

(1) 이미지

셋팅하지 않는 스트레이트 머리를 프론트에서 네이프까지 땋아 입체감 있는 패턴으로 고전적이면서 소녀적 이미지를 겸하고 있으며, 목선을 감싼 시뇽과 땋은 머리의 조합이 장식적 요소를 느낄 수 있는 스타일이다.

(2) 스타일 포인트

① 모발 상태는 단차가 적은 롱 레이어이다.

② 매끄러운 시뇽과 타이트한 평면 구성으로 인한 단조로움을 커버하기 위해 아래 땋기를 헤어라인을 따라 양쪽에 두 줄씩 배열함으로써 질감의 변화와 입체감을 표현한다.

③ 아래땋기를 하는 과정에서 브록킹 라인이 보이지 않도록 시술하는 것이 포인트이다.

④ 네이프의 시뇽이 목선을 충분히 가릴 수 있도록 묶음 토대의 위치를 N.P에 설정한다(탑에 볼륨이 없는 다운 스타일의 경우 볼륨이 목선 위에 위치하면 자칫 두상이 짧아 보일 수 있다).

⑤ 스트레이트 머리로 네이프 시뇽을 연출할 때는 망을 이용하는 것이 효과적이다.

(3) 브록킹

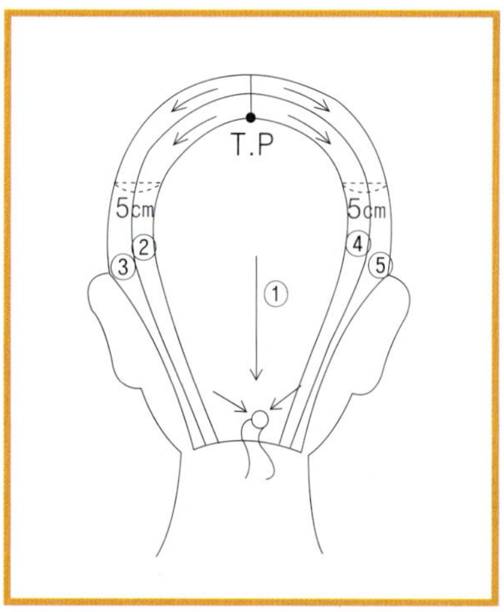

① 5:5의 센타 가르마를 설정한다(가르마의 폭: 5cm).

② T.P(가르마가 끝나는 지점)에서 왼쪽 네이프 사이드까지 연결한다.

③ T.P(가르마가 끝나는 지점)에서 오른쪽 네이프 사이드까지 연결한다.

④ 사이드 5cm면을 두개의 면으로 나눈다.

Before

① 스타일에 따라 브록킹 한다.

② N.P에 묶음 토대를 만든다

③ 사이드 면을 사진과 같이 두면으로 나눈다.

④ 위쪽 면부터 세 가닥 아래 땋기를 한다.

⑤ 두피 면의 머리를 한쪽 면만 걸어 아래 땋기 한다.

⑥ 브록킹 라인이 보이지 않도록 뒤쪽으로 끌어 땋는다.

⑦ 네이프까지 같은 방법으로 진행한다.

⑧ 끝부분은 백콤을 넣어 풀리지 않도록 한다.

⑨ 반대편도 같은 방법으로 진행한다.

⑩ 양쪽 아래 땋기 완성

⑪ 토대 머리에 망을 씌운다.

⑫ 롤을 말아 시뇽을 만든다.

⑬ 땋은 머리를 양쪽 한 가닥씩 끌어 시뇽 위에 고정한다.

⑭ 끝을 이용하여 시뇽을 감아 고정한다.

⑮ 나머지 한 가닥은 둥글게 말아 좌 · 우에 고정한다.

⑯ 완성된 뒷모습

14) 콘로우 땋기 디자인

네이프에서 프론트쪽을 향해 대각선으로 가로질러 콘로우 응용땋기를 하고 프론트의 사이드 한쪽에 뱅을 하트모양으로 포인트를 주어 귀엽고 깜찍한 이미지를 연출한다. 일반적으로 두상의 전두부에서 후두부 쪽으로 방향감을 주는 디자인과는 달리 스타일의 포인트를 후두부에서 전두부 쪽으로 끌고 감으로써 또 다른 방향감을 느낄 수 있다.

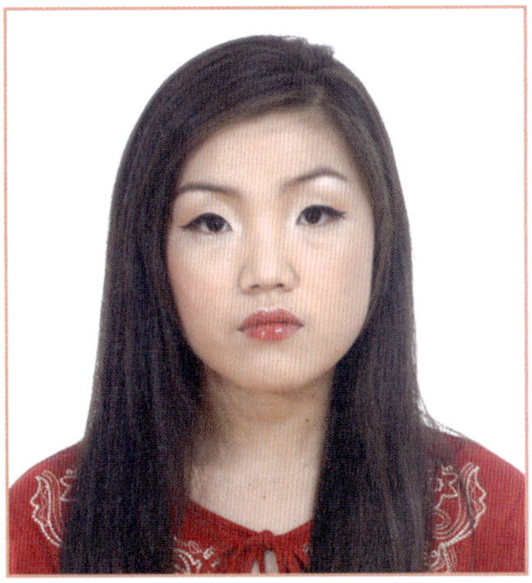

Before

① 스타일에 따라 브록킹 한다(프론트 오른쪽과 네이프 왼쪽 연결로 비대칭 라인).

② 프론트에서 네이프까지 강한 백콤을 넣는다.

③ 백콤이 들어간 부분을 프론트쪽으로 말아가며 핀고정 한다.

④ 네이프 사이드에서부터 콘로우 땋기를 시작한다.

⑤ 백까지 진행한 상태

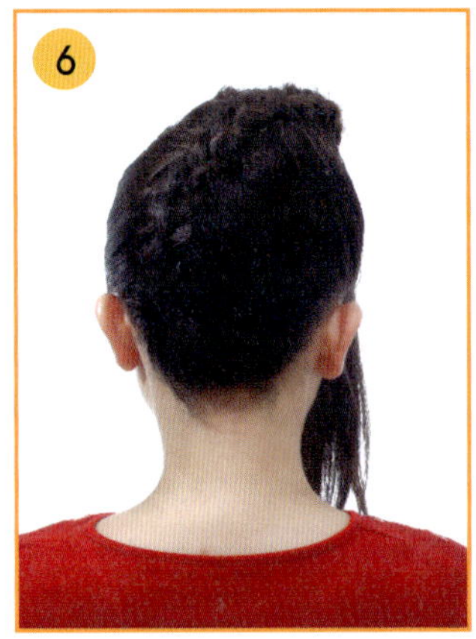

⑥ 프론트까지 진행한 상태

⑦ 프론트에 머리를 3가닥으로 나눈다.

⑧ 좌 · 우 가닥을 이용해서 하트모양의 뱅을 만든다.

⑨ 가운데 가닥은 엮어나간다.

⑩ 엮은 머리를 펼쳐 뱅의 한쪽 면을 감싸 고정한다.

2. 미디엄 헤어 디자인

1) 미디엄 샤기 디자인

(1) 이미지

여성스러운 다운 스타일로서 모선의 샤기한 질감과 중간정도의 모발 길이를 고려해서 가벼운 C컬의 규칙적인 흐름과 가벼운 움직임을 주어 여성스러우면서 발랄한 로맨틱 이미지를 나타낸다.

(2) 스타일 포인트

① 모발 상태는 샤기한 미디엄 레이어이다.
② 모발길이 축소를 최소화하면서 계획된 컬의 방향성을 활용하기 위해 회전토대를 만든다.
③ 흐트러진 듯한 C컬과 매끄럽고 윤기 있는 면의 구성을 조화시킨다.
④ 회전토대의 위치를 정확히 잡는다.
⑤ 모량이 적은 모선으로 볼륨감 얻기 위해서는 토대위의 모발을 최대한 얇게 펼쳐서 시술한다.

(3) 브록킹

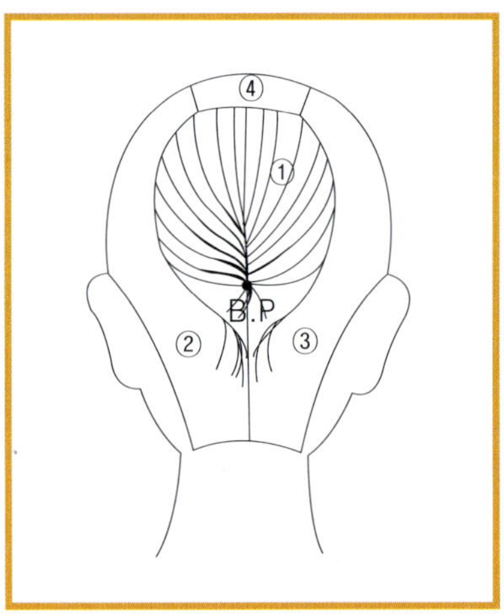

① 7:3의 사이드 파트를 설정한다.
② 탑에서 F.S.P를 연결한다.
③ T.P에서 B.P를 좌우로 연결한다(크라운 영역).
④ B.P~N.P를 연결한다.

Before

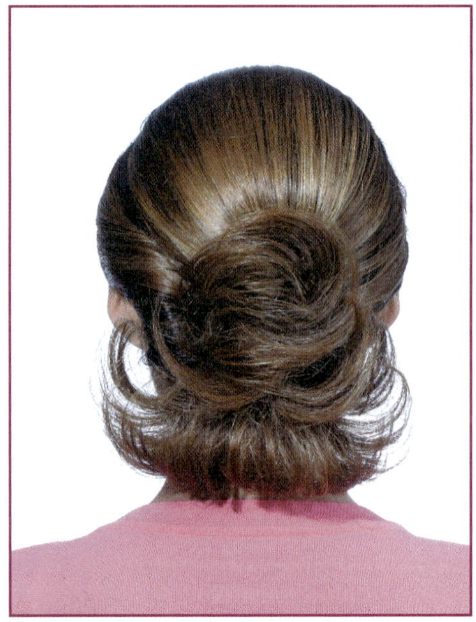

① 스타일에 따라 브록킹 한다.

② 사이드에서 네이프까지 머리의 두피부분에 강한 백콤을 넣는다.

③ 백콤이 들어간 부분에 스프레이를 뿌린다.

④ 머리 표면을 매끄럽게 빗질한 후 윤곽 롤을 만든다.

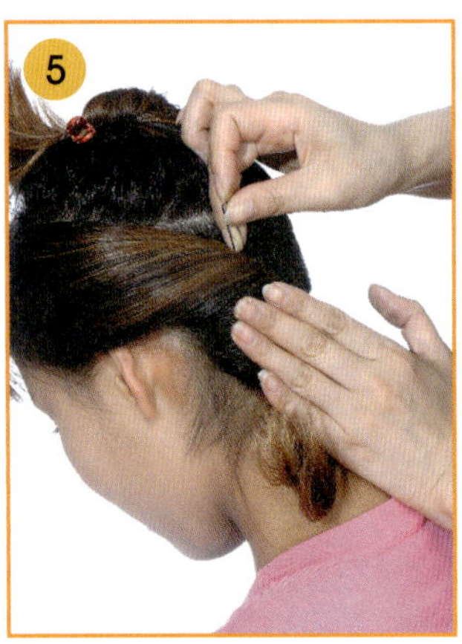

⑤ 만들어진 롤을 핀으로 고정한다(핀이 보이지 않도록 감춰 꽂기).

⑥ 반대편도 동일한 방법으로 백콤을 넣는다.

⑦ 동일한 형태의 윤곽롤을 말아 고정한다.

⑧ 크라운 모근부분에 강한 백콤을 넣는다.

⑨ 백콤이 들어간 부분에 스프레이를 뿌린다.

⑩ 두피면 백콤이 눌리지 않도록 머리 표면만 걷어 빗는다.

⑪ 브러싱으로 형태를 잡는다.

⑫ 머리를 비틀어 회전 토대를 만들어 핀으로 고정한다.

⑬ 토대 위 컬의 방향을 그대로 이용하여 C컬을 만든다.

⑭ 양 사이드에서 얻어진 컬은 아웃컬로 구성한다.

⑮ 완성된 뒷모습

⑯ 완성된 앞모습

4장 스타일

2) 페미닌 디자인

(1) 이미지

두피 면에서부터 확장한 볼륨을 탑의 자연스런 컬과 웨이브에 연결하여 균형 잡힌 볼륨으로 차분하면서 화려한 이미지를 볼 수 있으며, 품위 있고 우아한 페미닌 이미지를 나타낸다.

(2) 스타일 포인트

① 모발 상태는 미디엄 레이어이다.
② 미디움 길이에서 많은 볼륨감을 얻기 위해 핀토대와 보소싱을 이용하며 두상을 여러 면으로 브록킹하여 백콤을 넣는다.
③ 토대위의 볼륨은 컬의 방향에 따라 얇게 펴서 겹겹이 쌓아올린다.
④ 프론트의 디자인은 높게 쌓은 탑의 볼륨으로 인해 얼굴이 길어 보일 수 있으므로 이마를 가린 뱅스타일로 처리하고 탑의 컬과 연결하여 구성한다.
⑤ 볼륨의 부피와 두상의 크기를 비례하게 구성한다.

(3) 브록킹

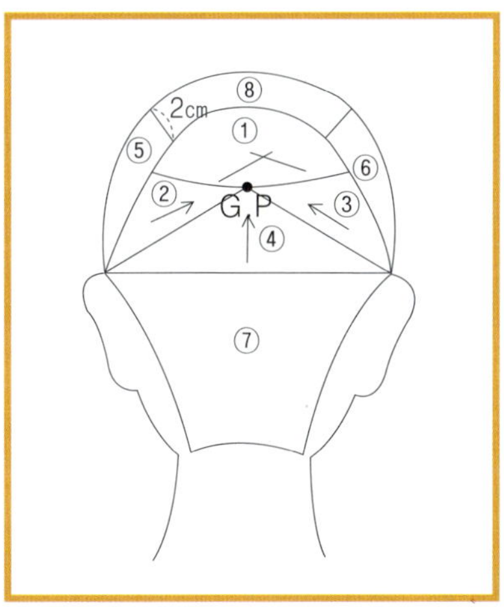

① 7:3의 사이드 가르마를 설정한다.
② E.P~T.P~E.P(이어투이어라인)를 연결한다.
③ 탑에서 F.S.P를 연결한다.
④ T.P~G.P까지 탑 섹션을 떠낸다.
⑤ G.P~왼쪽 E.P를 연결한다.
⑥ G.P~오른쪽 E.P를 연결한다.
⑦ E.P~B.P~E.P를 연결한다.

Before

① 탑에 강한 백콤을 넣는다(패널의 각도 참고).

② 백콤을 넣은 채 핀토대를 만든다.

③ 토대 면적과 동일한 크기의 심을 댄다.

④ 골덴 사이드 머리에 백콤을 넣어 빗은 후 토대위에 고정한다.

⑤ 반대쪽도 머리에 동일한 백콤을 넣는다.

⑥ 토대 위에 고정한다.

⑦ 토대 아래에서 일직선으로 섹션을 뜬다.

⑧ 두피 부분에 강한 백콤을 넣는다.

⑨ 빗질 후 토대위에 고정 한다.

⑩ 사이드 머리 모근부분에 백콤을 넣는다.

⑪ 수평으로 끌어당겨 회전시킨 후 고정한다.

⑫ 반대편도 동일한 방법으로 진행한다.

⑬ 네이프 머리에 강한 백콤을 넣는다.

⑭ 네이프 머리를 업쉐이핑 한다.

⑮ 토대 쪽으로 끌어 고정 한다.

⑯ 탑 토대의 머리를 볼륨감 있는 컬로 연출한 다.

⑰ 토대 위에서 컬의 형태를 잡는다.

⑱ 프론트의 머리를 넘어가는 반대편으로 끌어 모근부분에 강한 백콤을 넣는다.

⑲ 브러싱으로 형태를 잡는다.

⑳ 이마를 가려 뱅처리 해주고 끝은 위의 컬과 연결한다.

3) 미디엄 다운 디자인

(1) 이미지

네이프에 위치한 시뇽 위에 가벼운 S컬을 구성한 다운 스타일로 프론트의 머리를 자연스럽게 떨어뜨려 여성스러우면서 소녀적인 페미닌 이미지를 나타낸다.

(2) 스타일 포인트

① 모발 상태는 미디움 레이어이다.
② 매끄러운 시뇽과 자연스런 움직임이 있는 S컬이 대조적인 조화를 이룬다.
③ 네이프의 시뇽 위치가 목선을 충분히 가리도록 구성한다.
④ 탑 모근을 강한 백콤으로 처리하여 S컬의 형태가 흐트러지지 않도록 한다.
⑤ S컬의 흐름을 그대로 살리면서 쉐이핑하여 자연스런 볼륨을 연출한다.
⑥ 전체적인 볼륨이 탑에서 네이프까지 연결되도록 시술한다.
⑦ 프론트의 머리는 모델의 본래 스타일대로 이마를 가려 자연스럽게 떨어뜨려 줌으로서 어려 보이는 효과를 얻는다.

(3) 브록킹

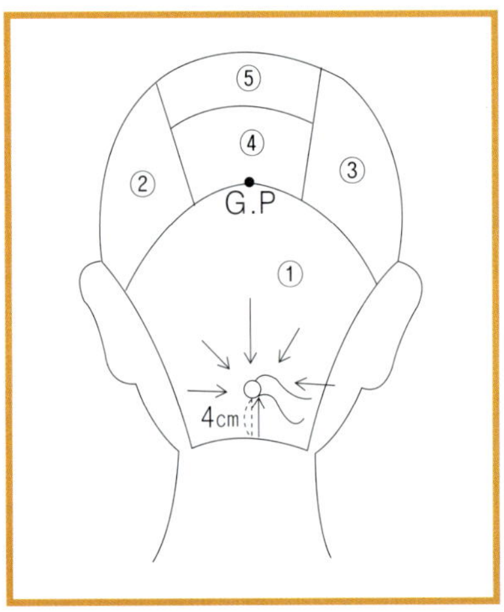

① 본래 스타일대로 프론트 머리를 분류한다.
② T.P~G.P까지 탑 섹션을 뜬다.
③ G.P~왼쪽 E.B.P까지 연결한다.
④ G.P~오른쪽 E.B.P까지 연결한다.

Before

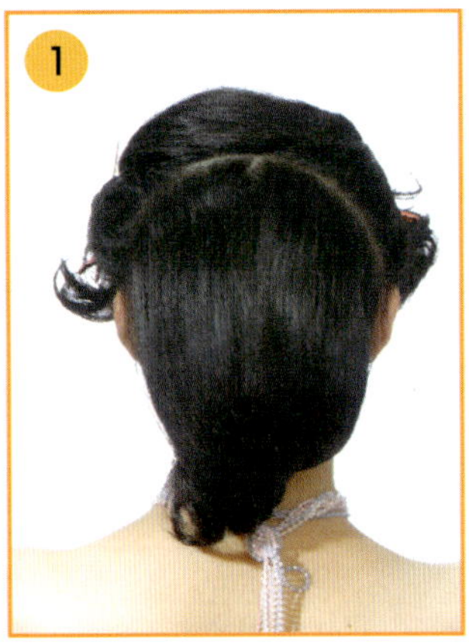

① 스타일에 따라 브록킹 한다.

② B.N.M.P지점에 묶음 토대를 만든다.

③ 토대 위에 타원형의 싱을 댄다.

④ 사이드의 모근 부분에 강한 백콤을 넣는다.

⑤ 빗질 후 끌어당겨 토대의 매듭을 감싸 고정한다.

⑥ 반대편 사이드도 동일한 방법으로 백콤한다.

⑦ 같은 방법으로 끌어 고정한다.

⑧ 토대 아래쪽 네이프 면에 싱을 댄다.

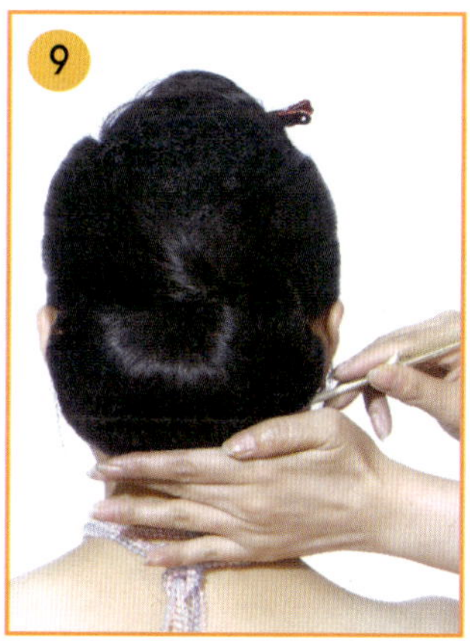

⑨ 토대의 머리를 이용해 시뇽을 만든다.

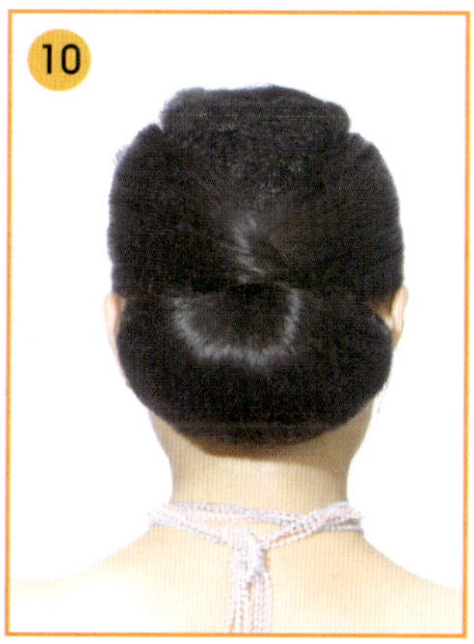

⑩ 시뇽의 완성

⑪ 탑 머리의 모근에서 모선까지 백콤을 넣는다(패널의 각도 참고).

⑫ S컬의 형태를 잡아 네이프의 시뇽과 연결한다.

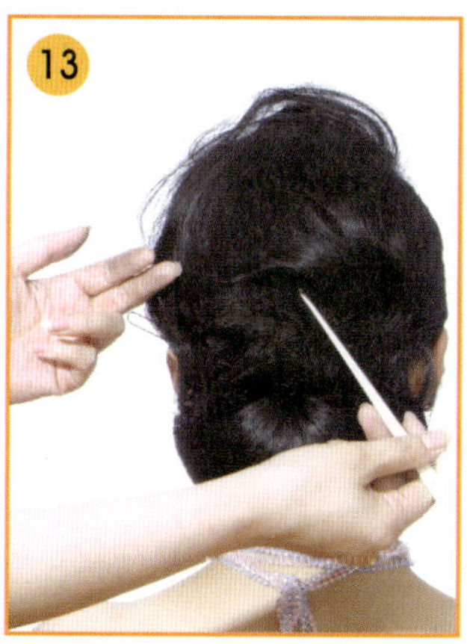

⑬ 컬의 자연스런 움직임을 살려 구성한다.

⑭ 동일한 방법으로 볼륨의 형태를 잡는다.

⑮ 핀고정은 U핀으로 감춰 꽂기 한다.

⑯ 완성된 앞모습

4) 소라형 디자인

(1) 이미지

트랜드 · 얼굴형 · 장소에 크게 구애 받지 않는 대중적이고 실용적인 디자인으로서 살롱에서 가장 많이 활용되는 스타일이다. 형태의 표현이 절제되어 있는 실루엣으로 도회적인 차가운 이미지와 지적인 여성의 이미지를 담은 모던함을 지니고 있으며 고전적인 안정감과 품위를 나타내는 클래식한 이미지를 포함하고 있다.

(2) 스타일 포인트

① 모발 상태는 단차가 많은 미디엄 레이어이다.

② 전체적인 균형과 면의 방향성을 정확히 잡는 것이 디자인의 포인트이다.

③ 사이드에서 크라운 방향으로 흐르는 모류의 선이 아래로 쳐지게 되면 볼륨의 위치 또한 골덴 아래에 위치하게 되므로 주의한다.

④ 쉐이핑하는 과정에 볼륨의 균형감을 확인하면서 시술한다.

⑤ 소라형의 수직롤을 네이프에서 사선으로 쉐이핑한다.

(3) 브록킹

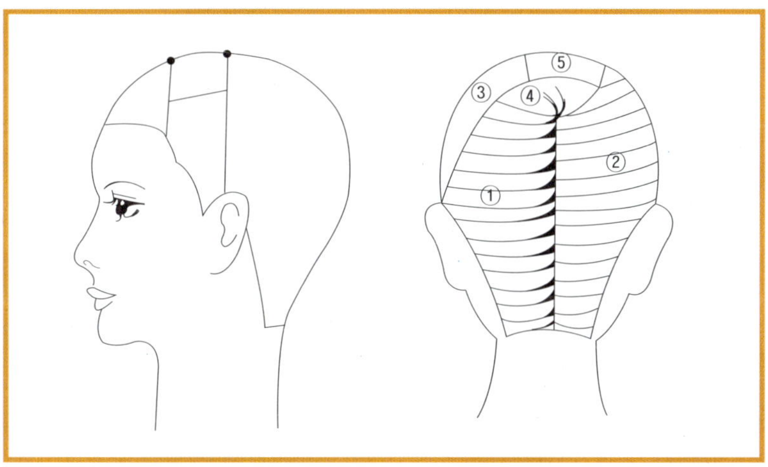

① 8:2의 사이드 가르마로 설정한다.

② 가르마가 끝나는 지점에서 가르마의 반대편 E.P까지 연결한다.

③ T.P~F.S.P를 연결한다.

④ 탑 섹션을 떠낸다.

Before

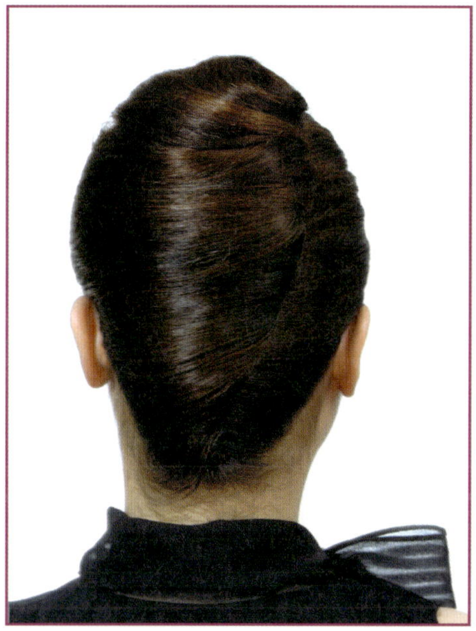

① 스타일에 따라 브록킹 한다.

② 브록킹 하지 않은 사이드 면부터 백콤을 넣는다.

③ 후두부 탑에 백콤을 넣는다.

④ 네이프 쪽으로 백콤을 계속 진행한다.

⑤ 백콤이 들어간 모근 부분에 스프레이를 뿌려 준다(모선은 스프레이를 피함).

⑥ 브러싱으로 머리 표면의 백콤을 제거한다(모근부의 백콤이 제거되지 않도록 겉 머리를 걷어 뜨면서 빗질).

⑦ 브러싱으로 형태를 잡는다(머릿결이 후두부 쪽으로 수평이 되게 빗질).

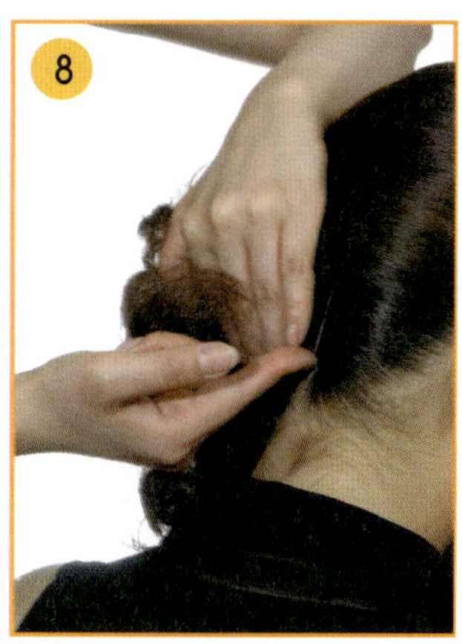

⑧ 정중선을 기준으로 N.P에 핀을 꽂는다.

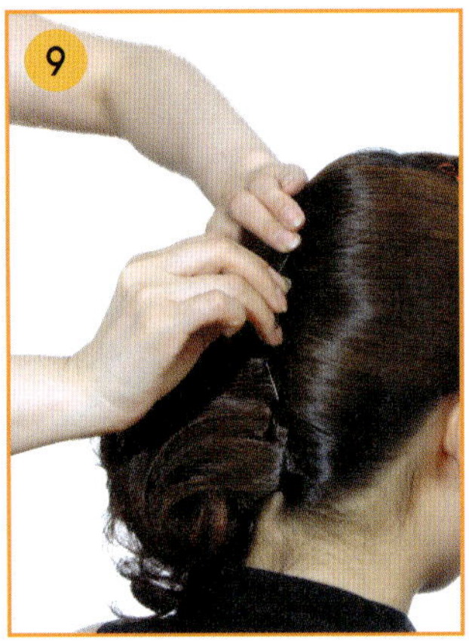

⑨ 머리가닥이 빠져나오지 않도록 실핀을 교차하여 G.P까지 일직선으로 꽂아 올라간다.

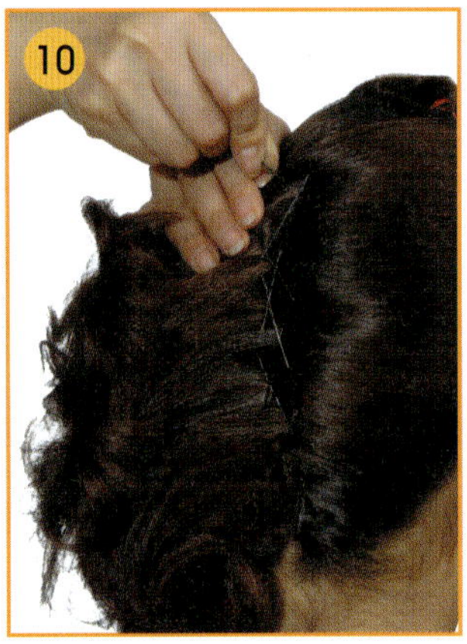

⑩ G.P의 마지막 핀은 위에서 아래로 덮어 씌워 꽂는다.

⑪ 반대편의 머리 표면을 매끄럽게 브러싱한다(머리다발을 잡은 손의 위치가 백에 놓이도록 함).

⑫ 대각선으로 롤을 말아 소라 형태를 만든다(롤의 윤곽이 네이프에서 골덴까지 일정하게 유지).

⑬ 말아진 롤 끝부분의 머리를 대핀으로 고정한다.

⑭ 목의 움직임에 따라 흐트러지기 쉬운 네이프와 백 부분을 U핀으로 고정한다.

⑮ 왼쪽 사이드 머리에 백콤을 넣은 후 스프레이를 뿌린다.

⑯ 머릿결을 수평으로 빗질하여 후두부의 소라형 롤에 연결한다.

⑰ 탑 머리의 모근부분에 강한 백콤을 넣는다.

⑱ 브러싱으로 형태를 잡아 소라형 롤과 연결한다.

⑲ 열처리한 셋팅롤을 이용하여 앞머리 뱅의 형태를 잡는다.

⑳ 앞머리의 뱅처리

5) 미디엄 업 디자인 I

(1) 이미지

롤뱅의 구성과 함께 전체적인 실루엣이 부드러운 곡선으로 강조됨으로써 성숙한 여성스러움과 우아함을 지닌 페미닌 이미지이다.

(2) 스타일 포인트

① 모발 상태는 단차가 적은 미디엄 레이어이다.
② 볼륨의 위치와 확장은 두상의 크기와 비례하게 크라운의 두피 면을 자연스럽게 연결하여 구성한다.
③ 전형적인 싸롱 스타일로 얼굴형에 크게 구애받지 않아 폭넓게 활용할 수 있다.
④ 볼륨의 확장을 두피 면에서부터 자연스럽게 증가시키기 위해서 토대의 면적을 좁게 설정하고 토대 주변을 섹션 분할하여 백콤으로 볼륨을 점차 증가시킨다.
⑤ 프론트 머리는 전체적인 실루엣과 조화롭게 이마를 살짝 가리고 부드러운 롤뱅으로 처리한다.

(3) 브록킹

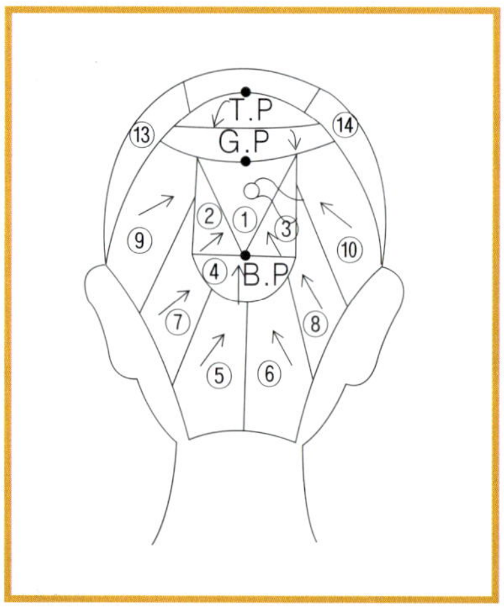

① 7: 3의 사이드 가르마로 설정한다.
② E.P~T.P~E.P(이어투이어라인)를 나눈다(프론트의 폭: 4㎝).
③ T.P~F.S.P를 연결한다.
④ T.P에서 G.P의 면을 연결한다.
⑤ G.P에서 B.P까지 역삼각형의 연결하여 토대의 면을 설정한다.
⑥ 토대면의 좌 · 우에서 삼각섹션을 나눈다.
⑦ 토대면 아래에서 라운드 섹션을 나눈다.
⑧ 네이프와 백 사이드 면을 6등분한다.

Before

① G.P에서 B.P까지 역삼각형 모양으로 슬라이스를 뜬다(토대의 중심이 되는 부분).

② 슬라이스 뜬 면을 모근에서 모선까지 단단하게 백콤을 넣는다.

③ 백콤 넣은 머리를 모두 말아 핀으로 고정하여 토대를 만든다.

④ 토대의 면적 넓이와 동일한 크기의 싱을 대어 고정한다.

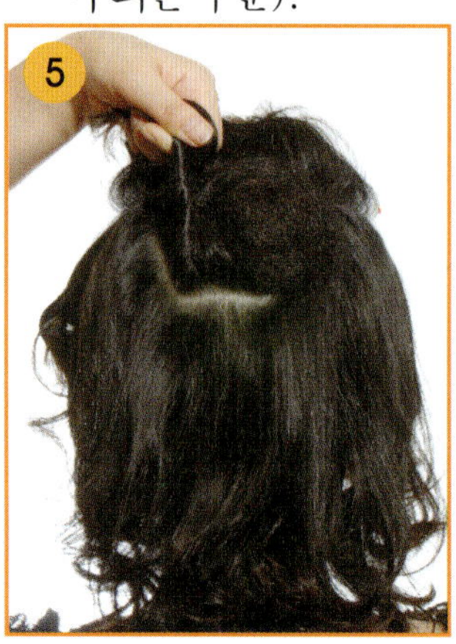

⑤ 중심토대 왼쪽에서 한 패널을 뜬다.

⑥ 패널의 모근에서 모선까지 백콤을 넣는다.

⑦ 백콤한 패널을 빗질하지 않은 채 중심토대 위에 고정한다.

⑧ 오른쪽도 동일한 방법으로 진행한다.

⑨ 중심토대 아래쪽에서 도 한 패널을 떠서 백콤을 넣은 후 고정한다.

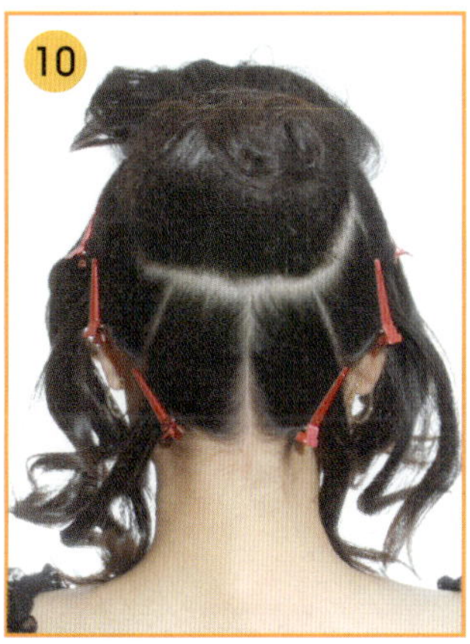

⑩ 백사이드와 네이프의 면적을 센타를 중심으로 6등분한다.

⑪ 왼쪽의 패널에 모근부터 모선까지 백콤을 넣는다.

⑫ 백콤한 패널의 표면을 매끄럽게 빗질한 후 오른쪽으로 끌어 토대 아랫부분에 고정한다.

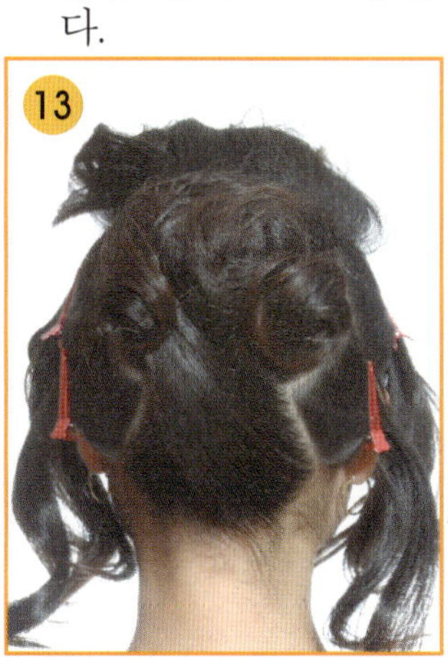

⑬ 머리가 서로 교차된 형태이다.

⑭ 나머지 4개의 패널도 동일한 방법으로 서로 교차하여 고정한다.

⑮ 탑의 머리를 수평으로 나누어 2등분한다.

⑯ 2등분한 머리 중 뒤 가닥의 모근부분에 강한 백콤을 넣는다.

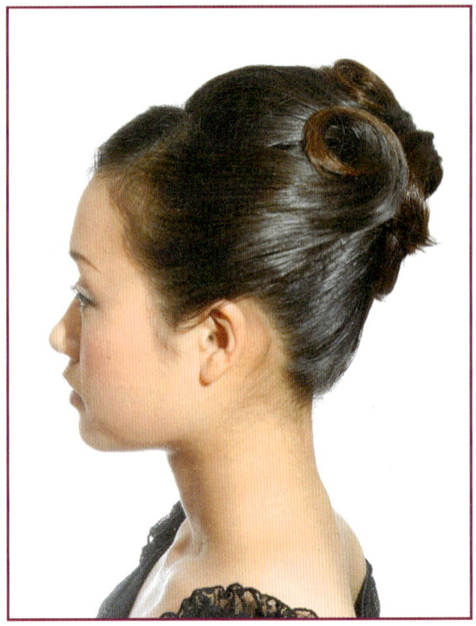

⑰ 패널을 가르마의 반대 방향으로 라운딩 하여 고정한다.

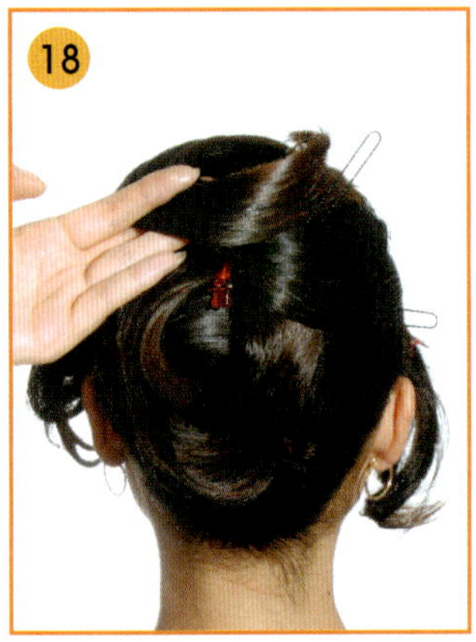

⑱ 앞쪽 머리도 동일한 방법으로 하되 뒤쪽머리와 서로 반대방향으로 끌어서 고정한다(탑의 두 패널이 서로 교차함).

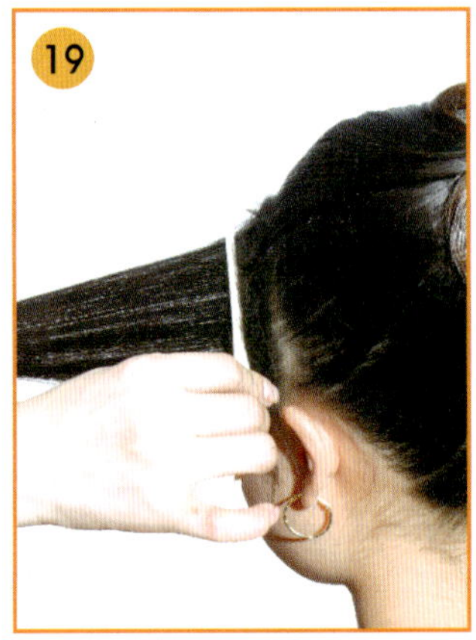

⑲ 사이드 머리의 모근부분에 백콤을 넣는다.

⑳ 백콤한 패널을 아래에서 위쪽으로 말아 롤을 만든다.

㉑ 오른쪽도 동일한 방법으로 진행한다.

㉒ 프론트 머리는 이마를 살짝 가려 사이드 머리와 연결하여 고정한다.

㉓ 완성된 상태.

6) 미디엄 업 디자인 Ⅱ

(1) 이미지

업스타일 디자인에서 가장 일반적인 살롱 스타일로, 지나친 형태의 표현을 절제하고 단순함에서 세련된 우아함을 느낄 수 있으며 누구나 무난히 소화 할 수 있는 스타일로 성숙한 여성의 이미지에 맞는 엘레강스 이미지를 나타낸다.

(2) 스타일 포인트

① 모발 상태는 단차가 있는 미디엄 레이어이다.

② 모발의 길이와 모델의 이미지를 참고하여 볼륨의 확장을 두피 면에서부터 시작하고 과장되지 않은 롤과 부드러운 곡선의 형태를 강조하여 성숙한 이미지와 매치한다.

③ 모발의 길이를 고려하여 백콤 토대와 핀토대를 활용한다.

④ 볼륨이 탑에서 네이프까지 자연스럽게 연결되도록 시술한다.

(3)브록킹

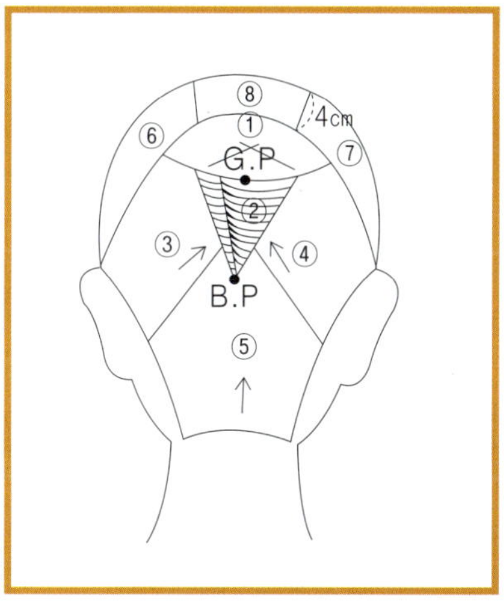

① 7:3의 사이드 가르마를 설정한다(가르마의 폭: 4㎝).

② E.P~T.P~E.P(이어투이어라인)를 연결한다.

③ 탑에서 F.S.P를 연결한다.

④ T.P~G.P까지 탑 섹션을 떠낸다.

⑤ G.P~B.P까지 역삼각형으로 연결한다.

⑥ 백사이드와 네이프를 3등분한다.

4장 스타일

Before

① 스타일에 따라 브록킹 한다(G.P~B.P의 역삼각형 면이 중심토대).

② 토대가 만들어질 면에 모선까지 강한 백콤은 넣는다.

③ 백콤이 들어간 부분에 스프레이를 뿌린다.

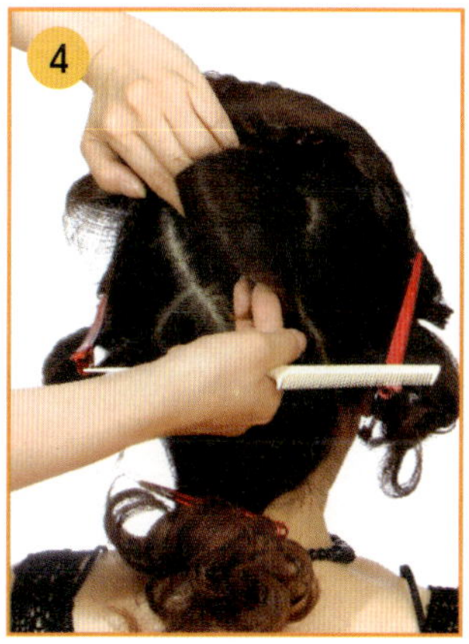

④ 머리를 말아서 토대 면에 고정한다.

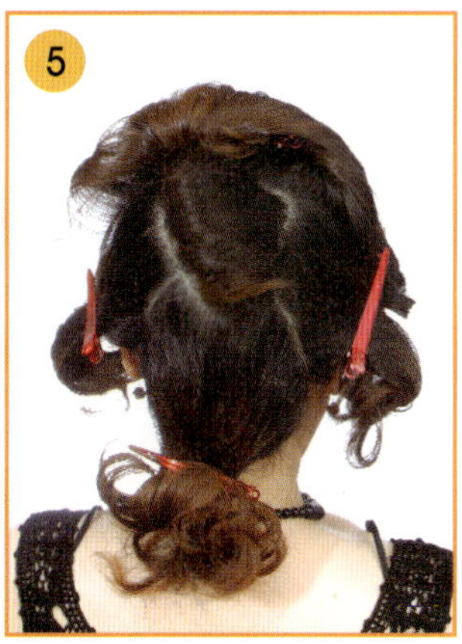

⑤ 토대를 둘러싼 면을 3 등분한다.

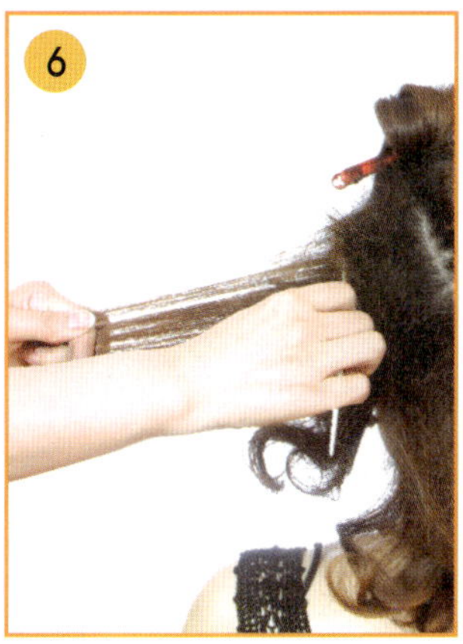

⑥ 모근부분에 강한 백콤을 넣는다.

⑦ 토대 아랫부분을 감싸서 싱을 댄다.

⑧ 네이프의 머리를 토대 위에 고정한다.

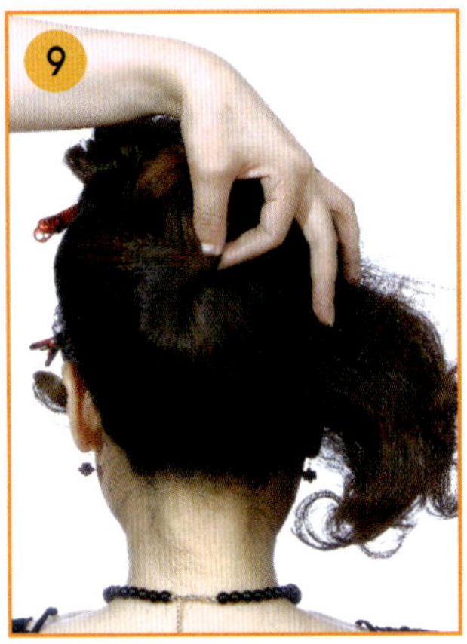

⑨ 왼쪽 백사이드 머리를 토대위에 고정한다.

⑩ 오른쪽 백사이드 머리도 동일한 방법으로 진행한다.

⑪ 탑의 모근부분에 강한 백콤을 넣는다.

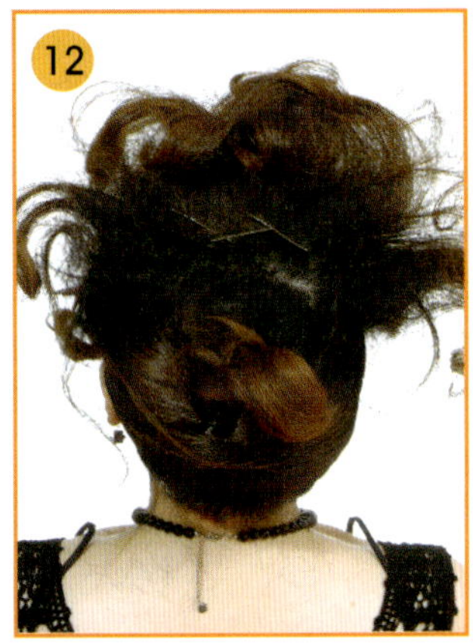

⑫ 탑의 면에 핀토대를 만든다.

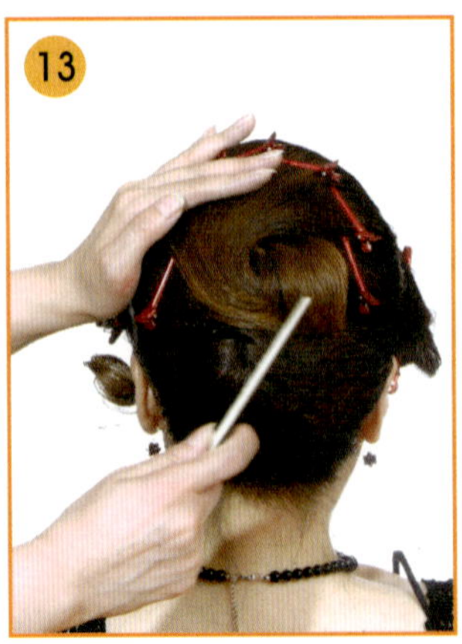

⑬ 브러싱으로 형태를 잡아 백과 연결한다.

⑭ 사이드 머리는 아래에서 위쪽으로 롤컬을 말아 고정한다.

⑮ 프론트 머리는 볼륨 S컬로 사이드와 연결한다.

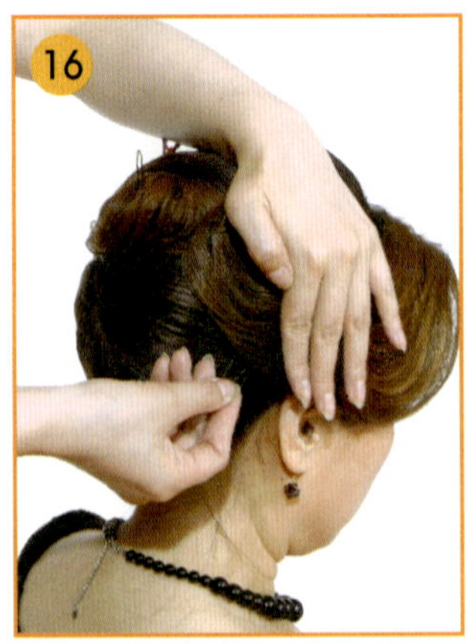

⑯ 앞머리가 흘러내리지 않게 U핀으로 감춰 꽂기 한다.

3. 숏 헤어 디자인

1) 숏 다운 디자인

(1) 이미지

쇼트헤어를 다운 스타일로 완성하여 여성스러움을 표현한 로맨틱 이미지이다. 성숙한 이미지를 커버하기 위해 프론트 머리는 이마를 가려 뱅스타일로 표현한다.

(2) 스타일 포인트

① 모발의 상태는 짧은 그래쥬에이션 스타일이다.
② 모발의 길이를 최대한 활용하기 위해서는 핀토대와 백콤 토대로 시술한다.
③ 디자인의 포인트는 컬의 방향성과 백콤을 이용하여 볼륨을 연출한 것이다.
④ 컬의 흐름을 쉽게 컨트롤하기위해서 반드시 셋팅 작업이 이루어져야 한다.
⑤ 컬의 형태를 잡아가는 과정에서 모발의 길이가 짧기 때문에 섬세한 테크닉을 필요로 한다.
⑥ 짧은 머리의 한정된 볼륨을 커버하기위해서는 액세서리나 헤어피스 등을 사용한다.

(3) 브록킹

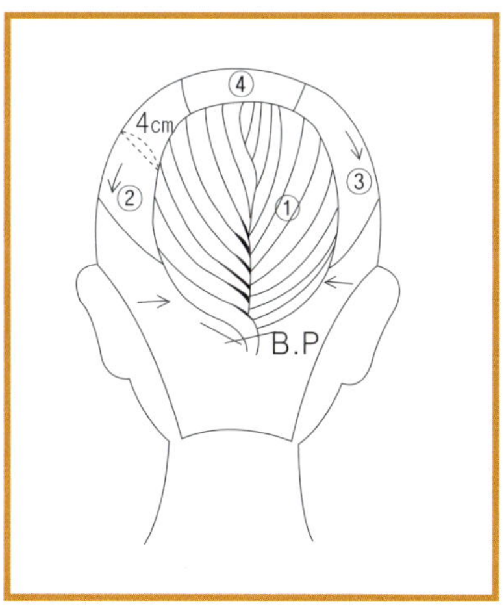

① 7:3의 사이드 가르마로 설정한다.
② T.P~F.S.P를 연결한다.
③ T.P~B.P를 연결하여 브록킹한다.
④ 사이드와 백사이드, 네이프가 한면이 된다(폭: 약 4㎝).

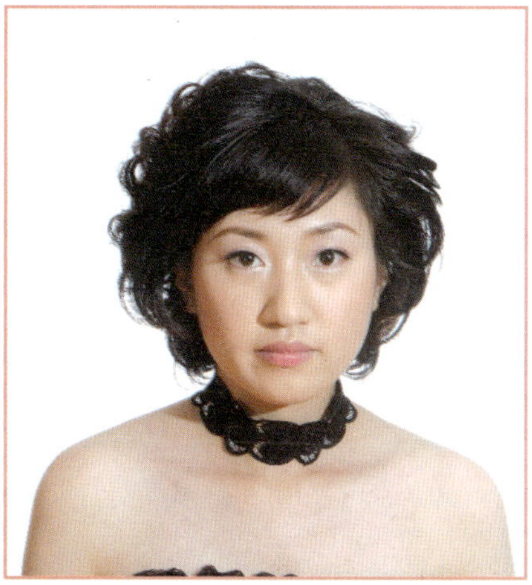

Before

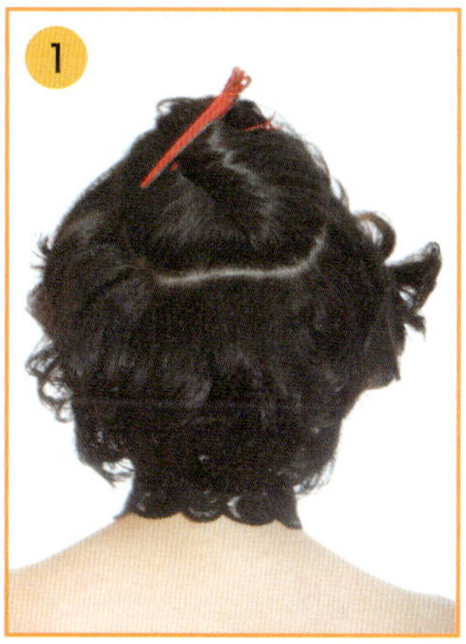

① 스타일에 따라 브록킹 한 상태

② 네이프 면의 모근부분에 강한 백콤을 넣는다.

③ 네이프의 중앙에 핀토대를 만든다.

④ 크라운 부분의 모근부분에 강한 백콤을 넣는다.

⑤ 백콤 유지를 위하여 소량의 스프레이를 뿌린다.

⑥ 단차가 많은 짧은 머리를 연결하면서 면을 고르게 빗질한다(손에 텐션을 주지 않고 빗질).

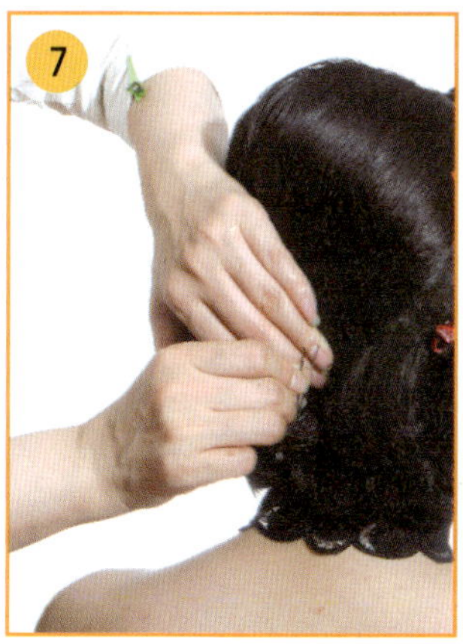

⑦ 면의 볼륨과 형태를 조절하여 백 센타 부분에 핀고정한다.

⑧ 크라운의 머리를 비틀어서 회전 토대를 만들어 대핀으로 고정한다.

⑨ 크라운 토대의 고정력을 강화하기 위하여 U핀으로 고정한다(U핀 감춰꽂기).

⑩ 사이드의 모근부분에 강한 백콤을 넣는다(쉐이핑에 따라 백콤의 위치 고려).

⑪ 사이드의 머리를 45° 방향으로 빗질하여 고정한다(실핀 이용).

⑫ 사이드와 네이프의 헤어라인을 따라 윤곽 롤을 말아 고정한다(네이프의 사이드까지).

⑬ 반대편도 동일한 방법으로 진행한다.

⑭ 백에서 네이프의 목선까지 부드러운 C컬을 이용하여 볼륨을 만든다.

⑮ 프론트의 이마부분 짧은 머리를 제외한 나머지 머리는 가르마의 반대쪽으로 끌어 크라운 머리와 연결한다.

⑯ 프론트의 짧은 머리는 뱅 처리해준다.

2) 숏 업 디자인

(1) 이미지

짧은 머리의 길이를 최대한 이용하여 백에 볼륨을 주고 심플한 면 구성을 디자인한 모던함과 프론트의 짧은 뱅머리가 귀여움을 더해준다. 액세서리로 포인트를 주어 단조로움을 커버한다.

(2) 스타일 포인트

① 모발 상태는 짧은 그래쥬에이션 스타일이다.
② 짧은 머리의 층을 매끄럽게 연결하기위해서는 백콤과 빗질의 숙련된 테크닉이 필요하다.
③ 모델이 가지고 있는 소재, 즉 모발의 길이를 고려하여 스타일링 할 때, 핀을 많이 사용하지 않고 백콤과 쉐이핑으로 형태를 만들어간다.
④ 토대는 모발의 길이를 최대한 이용할 수 있도록 핀토대를 만들고 볼륨감을 얻기 위해 소량의 싱을 이용하여 시술한다.

(3) 브로킹

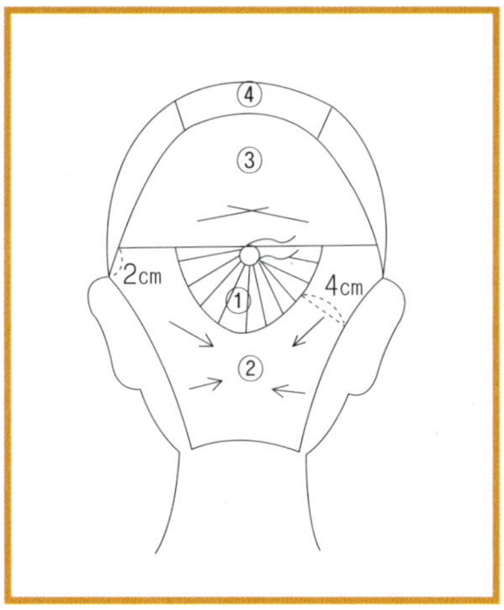

① E.P~T.P~E.P(이어투이어라인)를 나눈다(프론트의 폭: 4cm).
② E.P에서 탑쪽으로 2cm 올라가서 E.P를 연결한다.
③ 네이프 면의 가장자리를 4cm를 남기고 반원의 섹션을 뜬다.

Before

① 후두부 B.G.M.P를 기준으로 브록킹한 후 두상의 아랫부분을 반달 모양으로 떠내어 묶음 토대를 만든다(가장자리를 2㎝정도 남긴다).

② 가장자리 머리 전체에 백콤을 넣은 후 백콤이 풀리지 않도록 스프레이를 뿌린다.

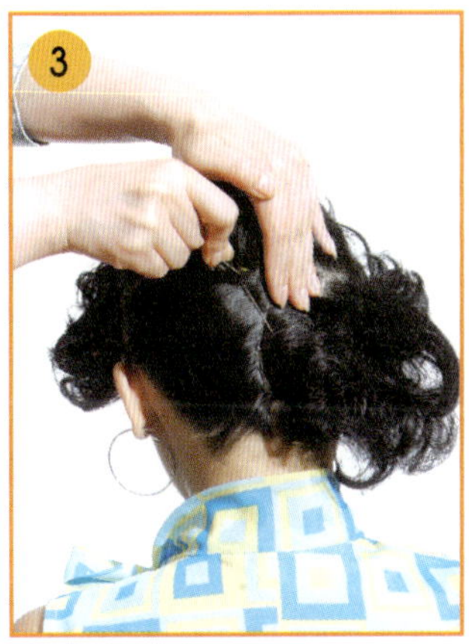

③ 왼쪽머리를 오른쪽방향으로 빗질하여 정중선을 따라 핀고정 한다(가장 윗부분의 꽂은 핀을 위에서 덮어씌움).

④ 오른쪽 머리는 왼쪽방향으로 빗질하여 소라형태로 말아 고정한다.

⑤ 네이프의 머리가 흘러내리지 않도록 U핀으로 고정한다.

⑥ 크라운 모근 부분에 강한 백콤을 넣는다.

⑦ 크라운 센타 부분에 핀 토대를 만든다.

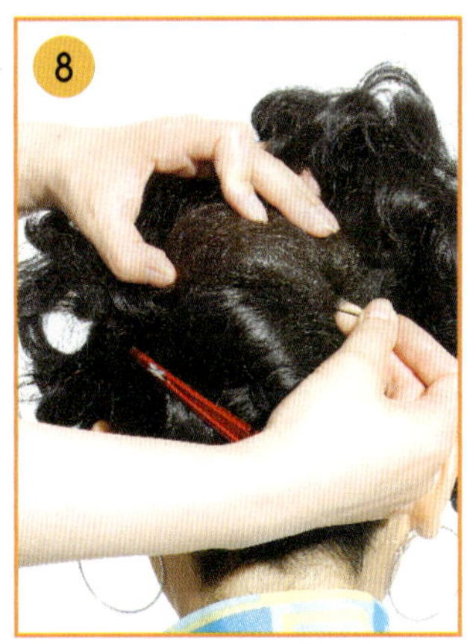

⑧ 토대 위에 보조싱의 대어 볼륨을 확장한다.

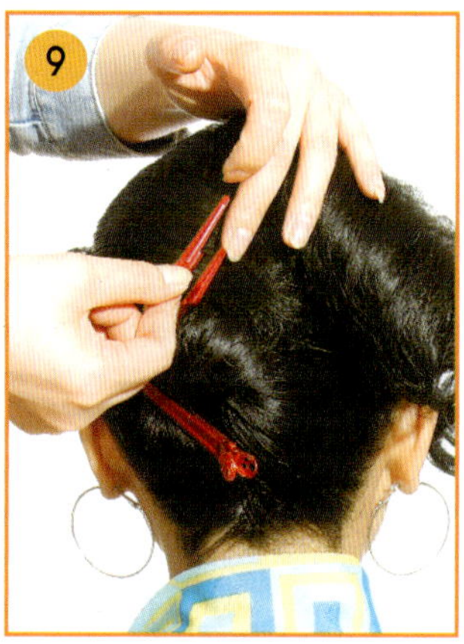

⑨ 크라운의 머리를 빗질하면서 형태를 잡는다(짧은 모발의 단차를 연결하기위해 보조 핀컬핀 이용).

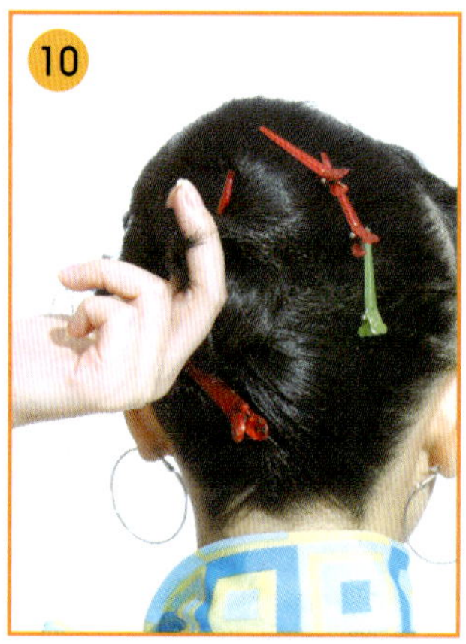

⑩ 머리끝에 여유를 이용하여 자연스럽게 롤을 말아 고정한다.

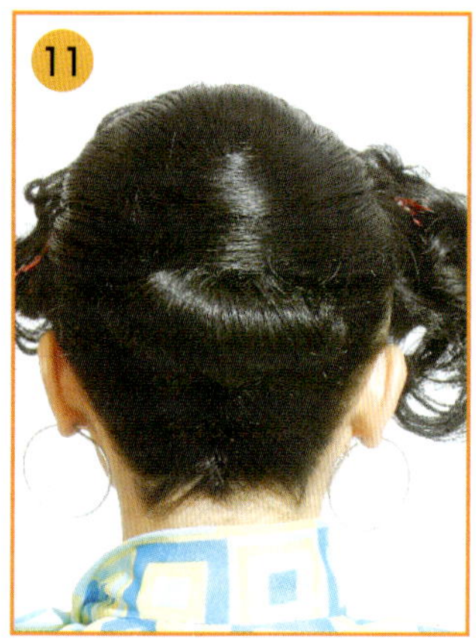

⑪ 후두부 완성된 상태.

⑫ 전두부 전체에 백콤을 넣는다.

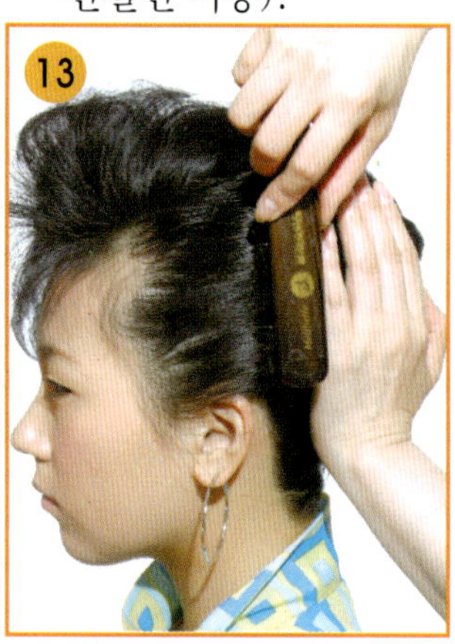

⑬ 브러싱으로 사이드의 형태를 잡는다.

⑭ 브러싱으로 탑의 형태를 잡는다(볼륨이 다운되지 않게 손의 텐션 조절).

⑮ 브러싱으로 전두부 머리와 크라운 머리를 연결한다.

⑯ 프론트는 뱅처리하여 깜찍함을 살려준다.

3) 롤 디자인

(1) 이미지

짧은 머리의 길이를 고려해서 두상 내에 회전롤을 구성하여 어느 한곳의 볼륨보다는 면의 패턴 변화를 주어 연출한 디자인으로서 성숙한 동양적 이미지를 나타낸다.

(2) 스타일 포인트

① 모발의 상태는 짧은 유니폼 레이어이다.
② 모발의 길이를 최대한 이용하여 롤을 만든다.
③ 모발의 길이가 짧기 때문에 백콤을 모근부에 단단히 넣어준다.
④ 브록킹 라인이 보이지 않게 시술한다.
⑤ 디자인의 형태에 따라 브록킹에 의한 면 분할이 정확히 이루어져야 한다.
⑥ 롤의 형태가 평면이 되지 않게 볼륨을 주어 연출한다.

(3) 브록킹

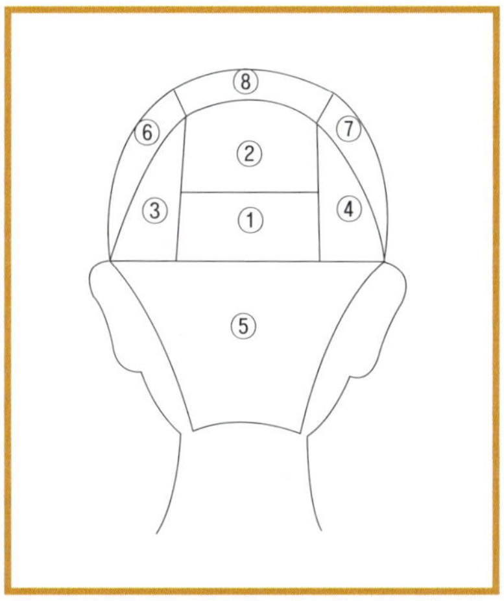

① E.P~T.P~E.P(이어투 이어 라인)를 연결한다.
② T.P~F.S.P(앞머리 영역만 분류)
③ E.P~B.P~E.P(사이드 라인)를 연결한다.
④ 골덴, 백, 백사이드를 4등분한다(넓이는 비교적 균등하게 분배).

Before

① 스타일에 따라 브록킹 한다.

② 네이프 면의 전체에 백콤을 넣어준다(패널의 각도는 다운 45°).

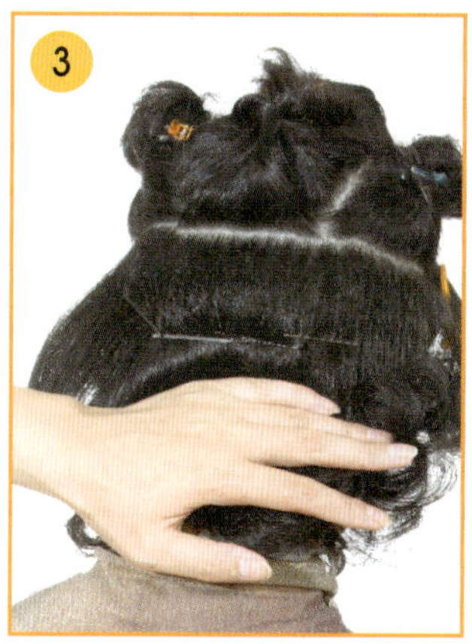

③ 목선 가까이에 핀토대를 만든다.

④ 백 센타의 머리 모근에 백콤을 넣는다.

⑤ 롤을 마는 방향에 따라 표면을 빗질한다.

⑥ 빗꼬리를 이용하여 롤의 끝을 비틀어 형태를 만든다.

⑦ 네이프 토대에 롤을 고정한다.

⑧ 골덴의 머리도 백과 같은 방법으로 롤을 구성한다.

⑨ 백 사이드의 좌·우 머리도 같은 방법으로 롤을 만들어 고성한다.

⑩ 네이프 면에 싱을 댄다.

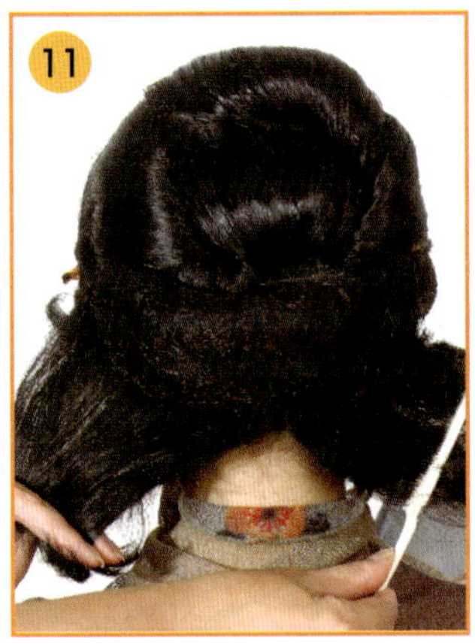

⑪ 네이프의 머리를 두 가닥으로 나눈다.

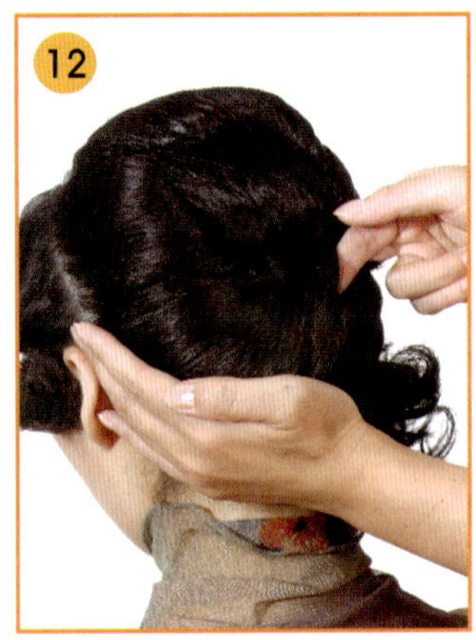

⑫ 싱을 감싸 롤을 만든다.

⑬ 같을 방법으로 시술한다.

⑭ 사이드 머리의 아래 면에 백콤을 넣는다.

⑮ 머리끝을 밖으로 말아 핀고정한다.

⑯ 프론트의 머리는 백콤을 주어 플러프 뱅으로 연출한다.

4. 파티 디자인

1) 미디엄 파티 디자인

(1) 이미지

부드러운 S자 형태의 흐름으로 볼륨을 주어 세련되고 우아한 엘레강스 이미지로 이브닝파티에 어울리는 스타일이다.

(2) 스타일 포인트

① 모발 상태는 미디엄 레이어이다.
② 전두부 섹션을 계획된 컬의 흐름에 따라 S자로 나눈다.
③ 전체적인 실루엣이 선을 강조한 디자인이다.
④ 컬을 받쳐주는 토대가 없이 모근의 힘을 이용해서 구성하기 때문에 숙련된 테크닉을 요한다.
⑤ 모근의 백콤과 스프레이 사용이 필수이다.
⑥ 컬의 배열을 균형감 있게 구성한다.
⑦ 손의 섬세한 테크닉으로 매끄러운 질감을 표현한다.

(3) 브록킹

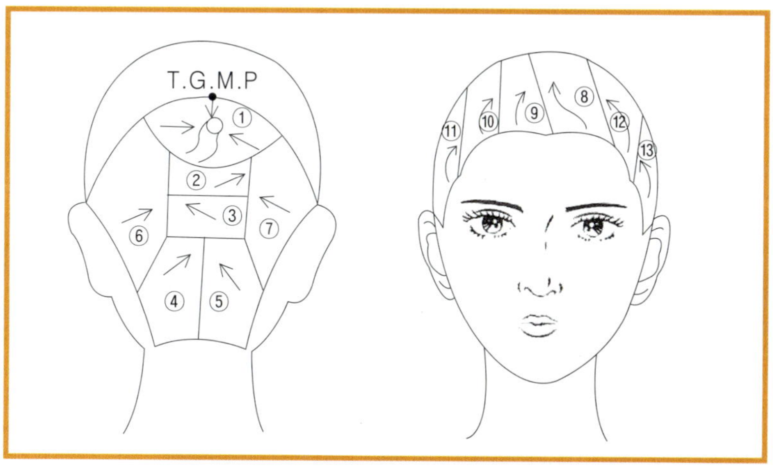

① E.P~ T.G.M.P~E.P를 연결한다.
② T.G.M.P~G.B.M.P까지 연결하여 한 섹션을 뜬다.
③ 토대 아래에서 두 섹션을 뜬다.
④ 백사이드와 네이프의 면을 4등분 한다.
⑤ 전두부에서 6등분한다(프론트:섹션 2. 양사이드: 섹션 각각 2).

Before

① 스타일에 따라 브록킹 한다.

② 토대가 만들어진 골덴의 모발 전체에 백콤을 넣는다.

③ G.P에 묶음 토대를 만든다.

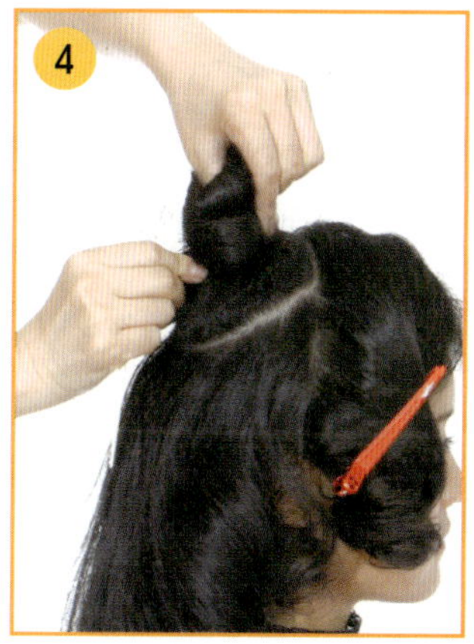

④ 머리 다발을 말아서 토대 면에 고정한다.

⑤ 토대 위에 싱을 댄다.

⑥ 토대 아래에서 한 패널 떠서 토대를 감싸 고정한다.

⑦ 또 하나의 패널을 떠서 교차시켜 토대를 감싼다.

⑧ 토대를 둘러싼 면을 4등분한다.

⑨ 네이프 머리에 백콤을 넣는다.

⑩ 네이프의 두 가닥의 머리를 교차시켜 토대를 감싸 고정한다.

⑪ 나머지 두 가닥도 동일한 방법으로 교차시켜 고정한다.

⑫ 전두부 면을 6등분으로 나눈다.

⑬ 프론트 머리를 한 가닥씩 S자 형태의 컬을 만들어 토대위에 고정한다.

⑭ 사이드도 동일한 방법으로 진행한다.

⑮ 반대편 사이드도 동일한 방법으로 진행한다.

⑯ 완성된 상태

2) 롱 파티 디자인

이브닝 파티 적합한 스타일로서, 토대가 탑의 양 사이드에 대칭으로 위치하여 균형감을 주고, 웨이브 핀 클립을 이용하여 릿지를 세운 입체감 있는 컬과 웨이브의 볼륨으로 세련되고 럭셔리한 이미지를 표현한다. 웨이브 핀 클립을 이용하여 컬에 강한 움직임을 주어 질감을 표현하는 것이 포인트이다.

Before

① 전두부 머리에 강한 셋팅으로 웨이브를 만든다.

② 웨이브 클립으로 컬의 릿지는 잡아둔다.

③ 후두부를 3등분으로 브록킹한다.

④ 탑 사이드 양쪽에 묶음 토대를 만든다.

⑤ 네이프의 백콤을 넣는다.

⑥ 머리를 위쪽으로 끌어 골덴에 비틀어 고정한다.

⑦ 탑의 토대를 싱으로 감싼다(좌 · 우 동일).

⑧ 토대의 머리를 이용하여 싱을 감싸 고정한다(좌 · 우 동일).

⑨ 좌 · 우 시농 완성

⑩ 클립을 제거하고 릿지를 세워 S컬을 토대에 얹어 고정한다.

⑪ 전두부 전체를 동일한 방법으로 컬을 연출한다.

⑫ 완성된 상태

5. 웨딩 디자인

(1) 이미지

전형적인 웨딩 업스타일로 탑의 토대 위에 부드러운 롤뱅으로 볼륨을 주어 귀엽고 사랑스런 로맨틱 이미지를 표현하며, 특별한 날 신부에게 순수하고 청초한 이미지를 나타내주는 스타일이다.

(2) 스타일 포인트

① 모발 상태는 롱 레이어이다.
② 토대의 위치가 골덴 아래로 떨어지지 않게 한다.
③ 둥근 얼굴형을 고려해서 사이드의 면을 타이트하게 구성하고, 프론트의 머리는 두피 면에 백콤을 넣어 볼륨감을 주며, 전체적인 볼륨이 탑에 위치하도록 한다.
④ 토대위의 볼륨을 고리형 롤뱅으로 구성하면 어려보이는 이미지의 효과를 얻을 수 있으므로 신부 업스타일에 적합하다.
⑤ 볼륨의 부피와 두상의 넓이를 비례하게 구성한다.(볼륨이 두상의 크기보다 작으면 얼굴이 커 보이는 현상이 나타난다.)

(3)브록킹

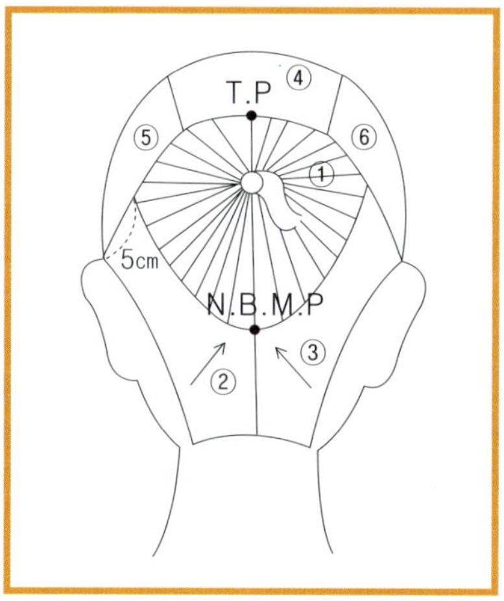

① 가르마가 없는 올백 스타일이다.
② E.P~T.P~E.P(이어투이어라인)를 연결한다.
③ 탑에서 좌 · 우 F.S.P를 연결한다.
④ E.P에서 탑 쪽으로 5㎝ 올라가서 B.N.M.P를 연결한다.
⑤ B.N.M.P~ N.P를 연결한다.

① G.P에 묶음 토대를 만든다.

② 토대에 심을 감싸 고정한다.

③ 네이프 면을 2등분하여 백콤을 넣는다.

④ 왼쪽머리를 오른쪽으로 끌어 토대를 감싸 고정한다.

⑤ 오른쪽도 동일한 방법으로 진행한다.

⑥ 전두부를 프론트와 사이드로 나눈다.

⑦ 프론트의 모근부분에 강한 백콤을 넣는다(패널의 각도 참고).

⑧ 올백으로 넘겨 빗질한 후 고정한다.

⑨ 사이드 모근부분에 강한 백콤을 넣는다.

⑩ 사이드 머리를 탑쪽으로 끌어 고정한다.

⑪ 프론트의 머릿결이 갈라지지 않게 시술한다.

⑫ 고리형 롤뱅을 만들어 앞부분부터 구성한다.

⑬ 백부분까지 동일한 형태의 롤을 구성한다.

⑭ 사이드도 동일한 방법으로 진행한다.

⑮ 완성된 뒷모습

⑯ 완성된 앞모습

6. 고전머리

1) 장신구

옛 여인들은 머리치장을 위해 다리(달비), 첩지, 비녀, 댕기, 꽂이, 족두리 등 기타 장신구를 통해 미를 발산했다.

(1) 다리(달비)

본인의 머리카락이 아닌 다른 사람의 머리카락을 칭하며 달비라고도 한다.
머리숱이 많아 보이거나 높은 머리를 만들기 위해 덧댄 다리를 가체라고 한다.

(2) 첩지

조선시대 궁중에서 왕비나 나인들이 머리위에 얹어 장식하거나 외명부들이 입궐할 때 당의에 착용하여 예장했던 수식이다. 첩지는 받침대에 용, 봉, 개구리 등의 형상을 한 몸체를 달고 그 양옆을 다리로 고정 시킨 것을 말한다. 첩지는 궁중 여인들의 신분을 상징하는 것으로 용 첩지는 황후, 봉 첩지는 비빈, 개구리 첩지는 상궁을 말한다.
일반서민들은 혼례(예장)때만 첩지를 사용할 수 있었다.

(3) 비녀

쪽이 풀어지지 않게 하기 위한 실용성과 머리치장을 위한 장식적인 용도로 사용되어진 막대모양의 물건이다. 가체금지령 이전까지는 실용성의 의미가 컸으며 가체금지령 이후에는 비녀의 재질과 장식에 많은 투자를 하였다.

비녀의 명칭은 재료나 잠두의 장식에 따라 금비녀 ,은비녀, 옥비녀, 용잠봉잠, 매죽잠 등이 있다.

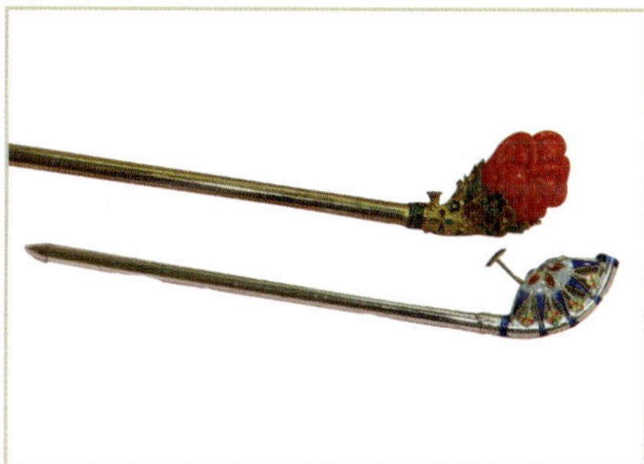

(4) 댕기

비단과 무명을 사용하여 머리를 장식하거나 고정시킬때 사용하는 빨간색, 자주색, 검은색 등의 헝겊이다. 태어나 서너살이 될 때 하는 배씨댕기, 다음으로 하는 끝이 일자인 말뚝 댕기, 처녀가 될 즈음인 도투락 댕기, 혼례 때 하는 도투락댕기 앞에 드림댕기(앞댕기),기혼자들은 쪽댕기(자줏빛) 등이 있다.

(5) 꽂이

쪽을 치장하기위한 뒤꽂이, 어여머리를 장식을 위한 떨잠, 다리를 고정시키기 위한 보조비녀, 장식효과와 귀이지를 파내는 용도의 귀이개 등이 있다. 이런 꽂이는 가체금지령 이후 비녀와 함께 머리를 장식하기 위함이며 떨잠은 궁중에서만 사용가능했으며, 뒤꽂이는 서민들도 사용이 가능했다.

2) 쪽머리

한국여인네의 대표적인 전통 고전머리인 쪽머리는 삼국시대(비녀가 없는 동심계)부터 존재했으며 가체금지령 이후 보편화된 머리모양이다.

쪽이란 말은 '다함께, 감싸다' 등의 뜻을 가지고 있으며 북계, 후계낭자머리라고 흔히 불려왔다. <동경잡기>를 보면 신라시대 때 북쪽이 불안하게 느껴져 '하나로 뭉친다'라는 의미로 부녀자들에게 뒷머리를 하나로 뭉치게 해서 북계라 부르게 한 것이 쪽머리를 있게 한 유래가 되었다고 씌어있다.

쪽머리는 삼국시대 때는 비녀가 없었으며 고려시대부터 비녀를 사용하였고 쪽머리를 한 모습은 처음엔 머리 뒤쪽에 했다가 차츰 아래로 내려가 조선조 말에는 저고리 바로 위에까지 내려온 형상을 하고 있으며 개화기 이후 차츰 올라와 지금과 같은 모습이 된 것이다.

쪽머리 재현 1

① 모발 전체에 왁스를 바른다.

② 골덴과 백 센타에 백콤을 넣는다.

③ 네이프의 4㎝정도의 섹션을 떠서 묶어준다.

④ 묶인 매듭에 땋아진 인조 달비를 붙인다.

⑤ 달비가 흘러내리지 않도록 검정 밴드를 이용하여 단단히 묶는다.

⑥ 프론트와 사이드 머리를 다운 45° 방향으로 빗살을 두피 면에 밀착시켜 빗는다.

⑦ 머리 전체를 매끄럽게 빗질하여 네이프의 매듭과 같이 묶는다.

⑧ 매듭에 싱을 댄다.

⑨ 매듭에 싱을 말아 고정한다.

⑩ 매듭 끝 부분에 댕기를 묶는다.

⑪ 달비의 끝을 안으로 집어넣어 매듭과 함께 댕기로 감싼다.

⑫ 비녀를 꽂아 마무리한다.

쪽머리 재현 2

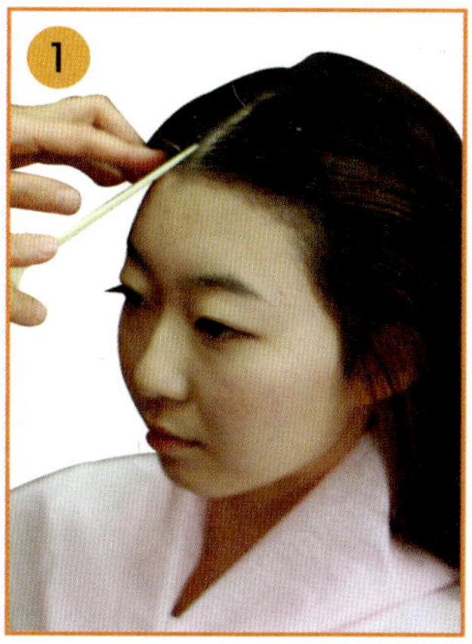

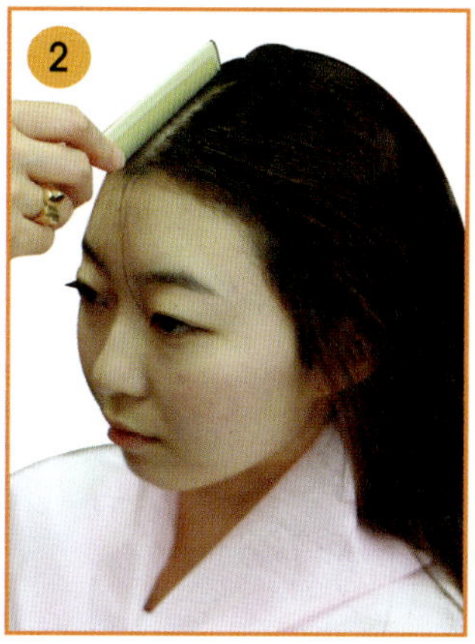

①~④ 올백 빗질 후 코끝에서 시작하여 꼬리 빗의 빗살부분 길이를 기준(C. P, T. P)으로 양쪽사이드와 뒤를 구분하여 빗질한다(펄 왁스와 스프레이 사용).

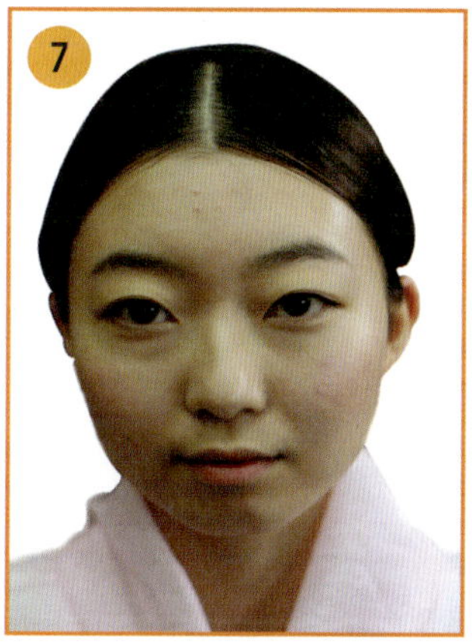

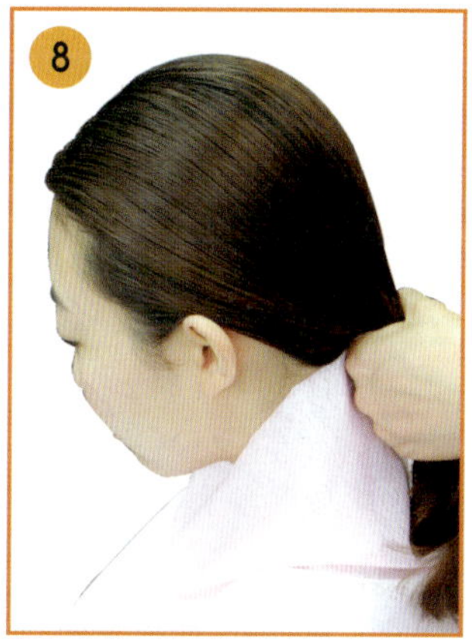

⑤ C. P 에서부터 얼굴형과 두상에 따라 볼륨감을 주며서 꼬리 빗을 눕혀 C커브를 그리며 빗질한다.

⑥ 빗질 후 양 사이드가 들뜨지 않게 하기위해 모델의 손바닥을 이용하여 살짝 밀착 시키도록 한다.

⑦~⑧ 일반적인 빗질은 C. P 에서 뒤로 45도로 시작하여 아래로 빗질이 일반적이나 모델의 캐릭터 상 개그의 소재나 온순해 보이고 싶으면 0도 아래로 빗질하며, 사나워 보이거나 요염해 보이고 싶으면 위로 빗질한다.

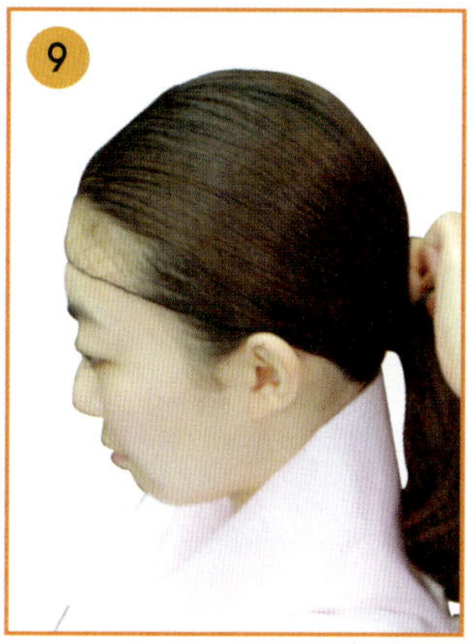

⑨ 귀 뒷부분이 뜨지 않도록 다운 빗질하며 앞이마에서부터 망을 씌워 최대한 네이프 가장 아래로 묶어준다.

⑩ 묶은 부분을 두 갈래로 나누어 세가닥 땋기(다운) 한다.

⑪ 땋은 머리를 안쪽으로 두 번 접어 올려 쪽의 기둥을 만든다.

⑫ 미리 세가닥 땋기 준비한 달비 끝에 댕기를 묶어준다.

⑬ 묶은 지점에 달비를 얹고 단단하게 묶어준다.

⑭ 왼쪽 손바닥에 달비를 얹어 한 바퀴 회전시킨다.

⑮ 손등이 보이도록 다시 손바닥을 돌려 쪽의 크기를 조절한다.

⑯ 왼손의 엄지가 묶은 기둥을 잡는다.

⑰ 오른손으로 댕기를 잡고 돌려 기둥을 감싸고 시침핀으로 고정한다.

⑱ 왼손을 펴면서 입술모양으로 쪽머리 형태를 만든다.

⑲~⑳ 비녀를 쪽머리에 수직으로 내리고 수평으로 들어가서 고정한다.

㉑ 비녀를 오른쪽에서 왼쪽으로 수평을 맞추며 꽂아준다.

㉒ 뒤꽂이는 비녀꽂은 머리 반대 위쪽에 꽂아준다.

㉓ 뒤꽂이는 삼각형을 이루도록 꽂는 것이 일반적이며, 뒷줄 뒤꽂이는 앞줄 꽂이에 사선으로 달비와 묶은 기둥을 연결하도록 꽂는다.

쪽머리 응용

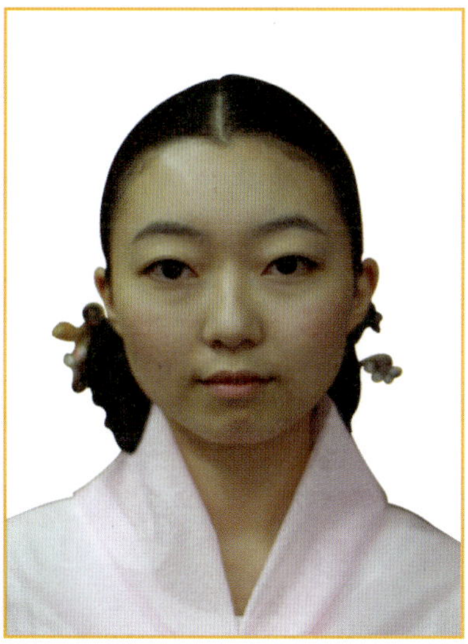

3) 첩지머리

가체금지령 이후 밋밋한 머리에 최소한의 장식을 가미한 궁중에 정착한 머리모양으로 쪽머리에 첩지를 부착하여 시술한 형태이다.

조선후기로 갈수록 궁궐에서는 왕비에서 나인에 이르기 까지 평상시에도 하는 머리모양이었으며 첩지머리는 어떤 재료를 사용하였으며 어떤 모양을 사용했는가에 따라 신분을 확연하게 보여줬기에 첩지머리만큼 신분의 차이를 단적으로 나타내 보여주는 머리모양은 없다고 한다.

첩지는 머리를 장식한 장신구의 일종으로 받침대, 다리, 몸체 세부분으로 되어있다. 첩지는 장식에 따라 용첩지, 봉첩지, 개구리첩가 있으며 용첩지는 황후, 봉첩지는 비빈, 개구리첩지는 상궁(명부)을 의미하며 용첩지와 봉첩지는 수작업인 반면 개구리 첩지는 틀작업이기에 똑같은 모양의 개구리 첩지를 많이 생산 할 수 있었으며 당시 개구리 첩지(월궁항아란 전설)가 많이 팔렸다는 것은 나인이 되고자하는 서민여성들의 신분상승의 심리적인 욕구를 말해주는 단면이다.

첩지머리 재현

① 쪽머리에서 배운 기본 토대를 만든다.

② 첩지를 이마 정중앙에서 3cm 올라간 가르마 위에 올린다.

③~④ 귀 뒷부분에 밀착시키면서 내린 첩지를 양쪽으로 교차하여 핀으로 고정한다.

⑤ 쪽머리 시술과 같은 방법으로 달비를 기둥에 단다.

⑥~⑧ 왼손으로 기둥을 누르면서 오른손이 달비를 가져가 입술형태의 쪽 모양을 만든다.

⑨~⑪ 쪽에 수직수평으로 비녀를 꽂고 뒤꽂이로 장식한다.

첩지머리 응용

4) 새앙머리

새앙머리는 생의 줄임말이며 생머리라고도 하고, 사양머리라고도 한다. '조선조 궁중 풍속 연구'를 보면 새앙머리에 대한 설명이 잘 나와 있다. 관례 전이라 함은 소위 미성년의 처녀 시절을 말한다.

지난 날 우리 고유의 머리형은 민간의 경우 한 가닥으로 치렁치렁 땋아 늘이고 빨간댕기를 들였지만 궁중에서는 소속에 따라 이런 편발도 있고, 생머리도 있다. 생머리란 앞서 궁녀 장에서도 말한 바 있는 소녀들의 일종의 쌍상투 같은 정발형이다. 즉 머리를 두 가닥으로 갈라서 각각 양쪽에 다리꼭지 두 개를 넣고 두 줄로 머리를 땋아서 내린 다음 밑에서부터 말아 올려 머리 밑까지 올라가서 두 개의 쌍상투를 붙이는 양식이다. 이 쌍계를 생 이라한다. 이 쌍계는 자주 끈으로 중허리를 같이 우선 묶은 다음 이 위에 비단댕기를 늘인다.

새앙머리는 소녀 나인들이라 해도 누구나 하지 않았는데 왕비의 침실인 지밀과 왕비의 옷을 제작하는 침방, 궁중의 의상에 수를 놓는 수방에서 일하는 나인들이 새앙머리를 하였으며,엄격한 규율에 따라야하는 지밀만이 허리아래까지 자줏빛 댕기를 드리웠다.

새앙머리는 언제부터였고 문헌과 같이 궁중의 일부 나인들만이 하였다고 규정되어 있으나 생존한 상궁들에 따르면 새앙머리는 견습 나인만이 아니라 왕가소녀, 민간의 처녀, 사대부가의 시녀들까지도 같은 머리를 했다고 한다.

새앙머리 재현

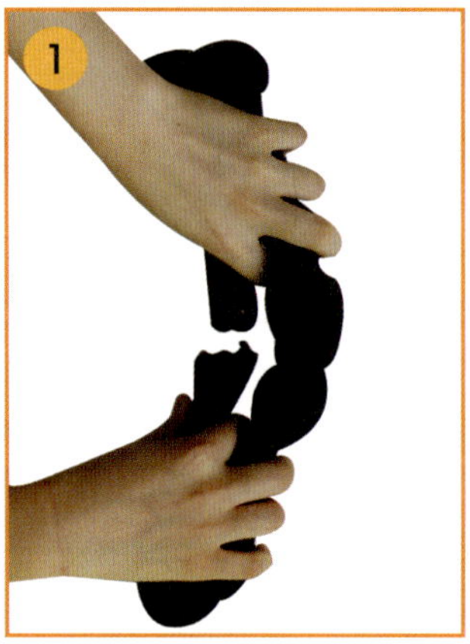

① 17~18cm로 세가닥 땋기된 달비를 준비한다.

② 준비된 달비의 반을 기준으로 양쪽으로 접어준다.

③ 접은 달비가 두 개가 되도록 모양을 만든다.

④ 달비의 중간허리에 고무줄로 묶는다.

⑤ 네이프에 묶은 기둥에 만들어 둔 새앙을 붙인다. 단단하게 고무줄로 묶는다.

⑥ 묶은 달비의 허리중간에 2개의 댕기를 댄다.

⑦~⑧ 네 가닥의 댕기가 보이도록 묶어 연출한다.

응용 새앙머리 재현

①~② 기둥에 만들어 둔 새앙을 아래 다리를 벌려 大자 모양으로 가져다 댄다.

③ 아래 벌려 논 달비를 속 비녀로 시침질 하듯 꽂는다.

④ 위쪽달비는 U자핀으로 머리와 달비를 시침하여 꽂는다.

⑤~⑧ 묶은 달비의 허리중간에 한복색감에 맞는 댕기를 대어 연출한다.

5) 둘레머리

김홍도나 신윤복 등의 그림 속에 나오는 여성들의 대부분이 하고 있는 머리모양이 둘레머리이며, 삼국시대 부터 조선조 말까지 서민여성들의 대표적인 머리모양이다.

'북사'에는 辮髮僥頭(변발요두), 즉 머리카락을 땋아 머리에 두른다는 표현이 있는데 이 머리모양이 바로 둘레 머리로 알려지고 있는 것이다. 얹은머리와 다른 것은 머리를 두 가닥으로 땋지 않고 한 가닥으로 땋아 그것만으로 머리 주변을 둘러 매듭을 짓는다는 점이다.

궁중이나 사대부 여성들이 하고 있던 가체머리와 다른 점은 땋거나 약간 틀어서 만든 다리를 머리주변에 둘러 얹었다는 점이다. 가체를 풍성하게 만들어 머리위에 얹은 기생들의 트레머리와 다른 점도 이에 있다. 평민들도 가체금지령 전까지는 본인의 머리에 가체를 사용하였는데 얹은 것이 아닌 평민들의 가체는 뒷머리를 땋을 때 가체를 이어 길게 한 다음 그 머리카락 주변에 둘러 매듭을 지었으며 김홍도의 '빨래터'를 보면 왼쪽상단에 다리를 엮는 서민여성이 잘 표현되어 있다.

둘레머리 재현

① 달비를 사진과 같이 기둥 밑에 받치고 끝을 앞쪽으로 향하게 한다.

② C. P를 살짝 비켜난 지점에서 달비를 교차시킬 자리를 정한다.

③ 달비를 교차시킨 후 밀착시켜 뒷 방향으로 자리잡아본다.

④ 전체적인 조화 균형은 살펴본다.

⑤ 속비녀로 달비와 달비 사이를 지지 고정한다.

⑥ 달비의 끝부분 중심으로 댕기를 드리울 적당한 위치를 정한다.

⑦~⑧ 댕기를 드리운 모습 후면과 정면

6) 가체머리

가체머리는 가체(加髢)로 만든 머리모양이다. 가체는 다른 사람의 머리카락을 말하며 월자(月子)라고도 하며 다리라고도 한다. 가체의 수요가 증가하면서 가난한 여성평민의 머리카락, 비구니가 되기 위해 잘랐던 머리카락, 죄수들에 강제로 자르게 한 머리카락도 섞여있었으며 한데 모은 후 색상을 맞추기 위해 염색을 하였다.

서적을 읽다보면 가체머리와 얹은머리(트레머리, 다래머리)를 같은 것으로 혼용하는 경우가 많은데 그 형식이 달라 구분되어야 한다. 가체머리는 조선 중기에 성행한 것으로 가리마를 타서 뒤로 넘긴 머리를 본 머리로 하고, 그 위에 다래를 여러 개 엮은 가체를 얹어 놓기도 하고 넓게 펴서 본머리에 끈이나 핀으로 고정시킨 머리모양이다. 반면 얹은머리는 머리카락을 뒤로 빗어 넘겨 두 가닥으로 땋아 그것을 머리에 두르는 것으로 두 머리는 그 형식 자체가 틀리다.

가체는 궁중에서 가례나 신분상 격식을 필요로 할 때 다른 사람의 머리를 덧대 치장(체발)을 했던 것에서 시작되었다. 이렇게 체발을 이용하여 머리를 치장하는 관습이 민간으로 옮겨지면서 가체머리가 생겨났으며 조선중기부터 유행되기 시작했다. 궁중에서부터 시작된 가체머리는 기녀사회에서 먼저 시작되었는데 몸치장을 잘 했던 기녀들은 점차 그들 나름의 머리모양인 트레머리를 정착시켰다. 기생들이 가체머리를 하자 어염여인들까지 아름답게 보이기 위해 앞 다투어 가체를 사들였는데, 그 당시 가체에 관련한 '청장관전서'의 '사소절' 부의조를 보면 얼마나 유행이었으며 심각한 상황이었는지 엿볼 수 있다.

> 가체머리는 몽고에서 전래된 것인데 지금 부인들이 그 습속을 따르고 있으니 크고 높은 것만을 좋아해서는 아니 된다. 부유한 집에서는 칠팔만 금저능로 소위 몽고의 광번측요작타마세의 머리모양에 웅황판, 법랑잠, 진주수, 등으로 장식하니 가산을 지탱할 수 없으되 가장으로서도 능히 금할 수 없는바 부녀들은 더욱 크게 하기를 좋아한다. 근년에 13세 되는 부귀가의 어린신부는 시아버지가 방에 들어오자 급히 일어나려다가 가체의 무게에 눌리어 목을 부러뜨린 일이 있다. 이와 같이 사치가 사람을 죽일 정도가 되니 어찌 슬프지 않겠는가.

이에 영조는 가체금지령을 내렸으나 가체금지령을 내린지 8년 만에 실패로 돌아갔으며, 25년 후 정조 때 다시 가체금지령의 성과를 거두었다.

가체머리는 조선중기 거의 이백년간 조선 모든 여인들의 사랑을 받아온 머리모양이다.

가체머리 재현

① 달비를 준비해 양쪽 끝 부분을 접는다.

② 접은 달비를 하나로 합친다.

③ 접은 달비가 두개가 되도록 접는다.

④ 달비가 앞가르마 3cm에 놓일 수 있도록 망을 뒤로 당겨 놓는다.

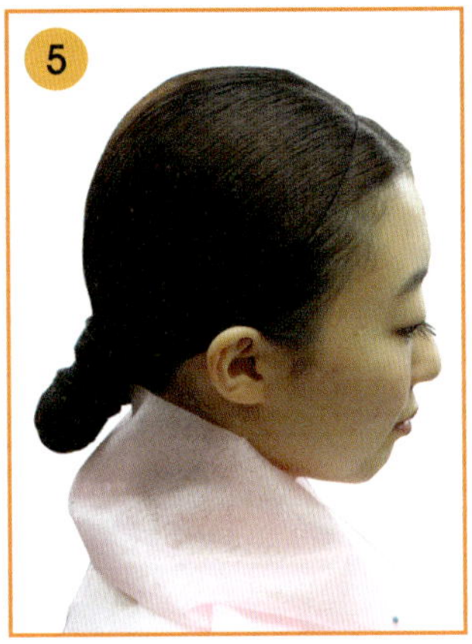

⑤~⑥ T. P에 만들어 놓은 앞가체를 얹어 실핀으로 좌우 단단히 고정한다.

⑦ 달비를 네이프 묶은 기둥아래에 지지시키고 앞쪽으로 보낸다.

⑧ 오른손으로 왼손에 있는 달비를 잡아 교차시켜 연결한다.

⑨ 속비녀로 달비와 앞가체를 연결 시침하여 고정시킨다.

⑩ 비녀와 뒤꽂이로 장식한다.

⑪ 뒷부분은 댕기를 묶어 장식한다.

⑫ 완성된 정면

7) 트레머리

가체금지령 이후에 오히려 더욱 더 화려하고 커진 기생들의 머리모양을 칭하며 허튼머리라고 표현하기도 했다. 트레머리와 본머리는 분리되어 있으며 다래로 엮어서 머리에 얹어 꽂이나 끈으로 본머리에 고정시킬 수 있는 형태를 말하는 것이다.

17~18C 옷이 짧아지면서 머리는 일정하지 않았지만 위보다는 옆으로 돌리는 트레머리가 형성되었다. 가체금지령 이후 왕성한 활동을 한 신윤복과 김홍도의 풍속도의 그림을 보면 가체금지령 전보다 더 크고 화려해져 기생들에게는 가체금지령이 관대하였다고 볼 수 있다.

트레머리는 왕조가 붕괴되고 신분사회가 와해되면서 점차 사라지게 되었다.

트레머리 재현

① 앞가르마를 살짝 위로 치켜 올려 빗는다.

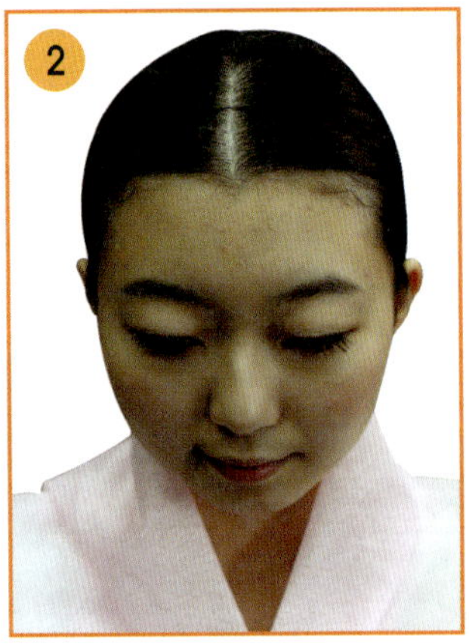

② 네이프에 기둥을 만들고 망을 씌워 3cm 뒤로 넘겨둔다.

③ 준비한 다리를 네이프 기둥에 단단하게 고무줄로 고정한다.

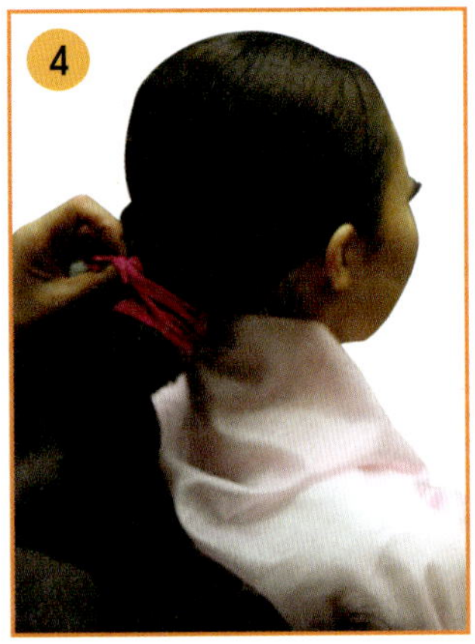

④ 고무줄 선이 보이지 않도록 매개댕기를 매어준다.

⑤ 다리의 결을 정리하며 15도를 기준으로 틀어준다.

⑥ 다리를 틀면서 구상한 머리모양을 만들어 주며 속비녀로 고정한다.

⑦ 장신구로 매혹적으로 연출한다.

트레머리 응용

8) 어린이 머리

어린이 머리의 종류는 성장에 따라 달라지는데 양반가에서는 서너 살쯤 되어 머리를 잡아 묶을 수 있을 정도가 되면 가리마를 타고 양쪽으로 나눈 머리카락을 여러 등분해서 땋아 뒷머리와 합쳐 땋는 방법을 행하였으며 이런 방법은 성인이 되어 댕기머리를 할 수 있을 정도가 될 때까지 계속되었다. 조선시대 양반가의 여성이 태어나 처음으로 하는 머리가 배씨머리이며 배씨댕기라는 보조 장신구를 이용한 머리이다. 7세 전후가 되면 장식을 만들어 올려 머리를 뒤로 모으는데 장식 가운데를 바둑판 모양으로 만들기에 바둑판 머리라고 한다. 열 서너 살이 되면 처음으로 뒤로 모아 땋아 어린이용으로 만든 작은 도투락 댕기를 달아준다.

땋은 머리는삼국시대 여성들의 혼인저의 머리모양이며 '고려도경'을 보면 알 수 있듯이 고려의 처녀들도 머리를 땋고 빨간댕기를 드리우고 있었다. 조선말 궁중에서도 지밀, 침방, 수방의 나인들은 새앙머리를 했지만 허드렛일을 하는 나인들은 땋은 머리를 했다. 땋은 머리는 보통 댕기머리라고 하며 귀밑머리라고도 한다.

어린이머리 재현

① 가운데 가르마를 가른다.

② 사이드는 양옆으로 빗질하고 나머지는 뒤로 빗질한다.

③ 사이드 머리를 이쁘게 빗질하여 세가닥 땋기를 아래로 낮추어 진행한다.

④ 뒷머리 다발을 잡고 세가닥 땋기를 한번 진행한다.

⑤ 양 갈래로 땋아 놓은 머리를 N.P로 가져와 함께 땋아 내려간다.

⑥ 엄지손가락으로 눌러가며 촘촘히 땋는다.

⑦ 퓨전 배씨댕기를 C.P에서 3cm 뒤로 간 지점에 드리우며 귀 옆 아래로 내려 고정한다.

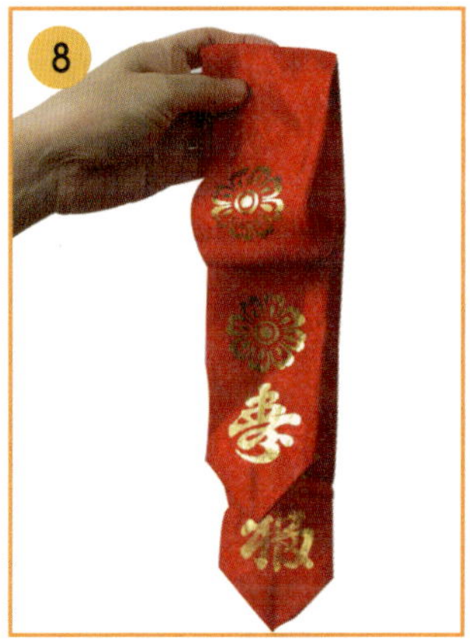

⑧ 댕기는 윗 사진과 같이 접어 사용한다.

⑨~⑩ 땋아진 머리의 끝부분에 대고 고무줄로 고정한다.

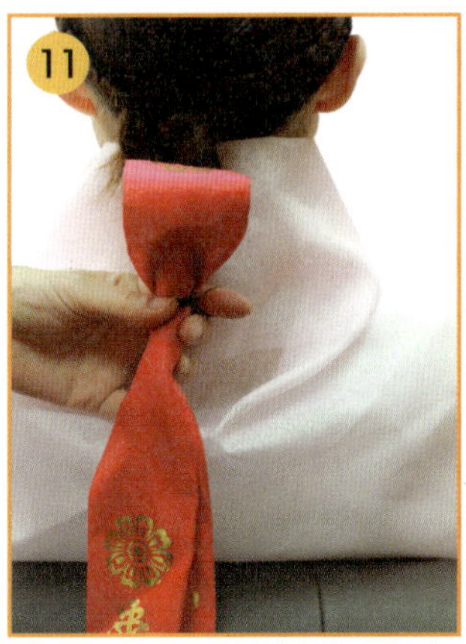

⑪ 댕기의 모양을 틀어지지 않게 고정한다.

⑫ 완성된 뒷면

7. 아트 디자인

1) 중국풍의 오리엔탈리즘

(1) 이미지

동양인의 모발 색을 상징하는 블랙컬러의 헤어에 프론트의 구성한 부채꼴모양의 뱅과 탑의 상투 모양의 기둥으로 간결하면서 화려한 중국의 이미지를 상징적으로 나타내었으며, 두껍게 그린 아이라인과 레드컬러의 볼터치, 중국의 치파오 등이 중국풍의 오리엔탈리즘 이미지를 나타낸다.

(2) 스타일 포인트

① 모발 상태는 단차가 적은 롱 헤어이다.
② 프론트 뱅의 매끈한 질감과 땋은 매듭의 패턴이 대조를 이룬다.
③ 프론트의 뱅에서 느껴지는 무게감을 탑에 구성한 수직 기둥으로 끌어올려 무게감을 조절한다.
④ 프론트의 뱅과 얼굴의 넓이가 비례하게 구성한다.
⑤ 수직으로 세운 탑의 매듭이 무너지지 않게 토대 양쪽의 머리가닥을 감아올려 고정한다.
⑥ 뱅의 면이 갈라지지 않게 쉐이핑한다.

(3) 브록킹

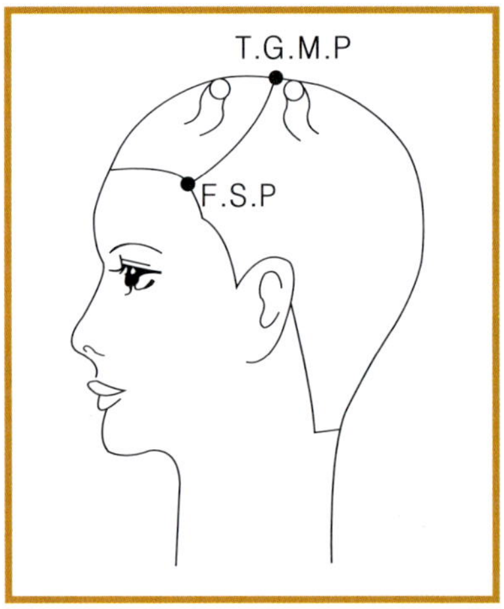

T.G.M.P~F.S.P를 좌 · 우로 연결한다.

Before

① 스타일에 따라 프론트를 브록킹한다.

② 프론트에 묶음 토대를 만든다.

③ 머리의 윗면을 매끄럽게 빗질한다.

④ 모선을 안쪽으로 말아 롤의 형태를 잡는다.

⑤ 머리끝을 매듭에 감싸 핀고정 한다.

⑥ 롤을 이마의 넓이만큼 확장한다.

⑦ 헤어라인에 스틱왁스를 바른다.

⑧ 머리를 탑에 모아 묶음 토대를 만든다.

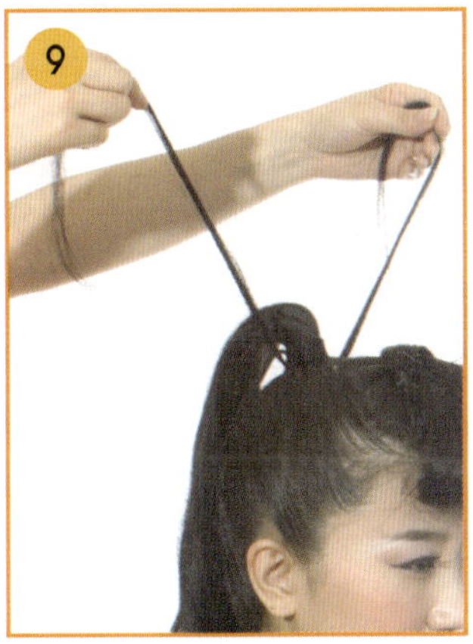

⑨ 탑 토대의 머리다발에 서 양쪽에 한 가닥씩 떠낸다.

⑩ 세 가닥 땋기를 한다.

⑪ 땋은 머리를 접고 머리 끝을 이용하여 토대의 매듭을 감싸 고정한다.

⑫ 기둥의 형태를 만들고 풀리지 않도록 핀고정 한다.

⑬ 남겨진 좌 · 우 머리가닥에 왁스를 바른다.

⑭ 두 가닥의 머리를 이용하여 기둥을 단단하게 감는다.

⑮ 남겨진 끝 가닥으로 묶어준다.

⑯ 묶여진 부분이 풀리지 않도록 핀고정 한다.

2) 일본풍의 오리엔탈리즘

(1) 이미지

일본의 전통헤어인 기모노 업스타일 형태를 응용하여 볼륨감 있는 시뇽을 두상 내에 비대칭으로 표현한 일본풍의 오리엔탈리즘 이미지이다.

(2) 스타일 포인트

① 모발 상태는 단차가 적은 롱 헤어이다.
② 각 토대의 모량을 브록킹으로 조절한다.
③ 비대칭 라인을 오른쪽 프론트 사이드와 왼쪽 네이프 사이드에 잡는다.
④ 거칠고 샤기한 펌 웨이브의 질감을 그대로 표현한다.
⑤ 볼륨감 있는 시뇽에서 느낄 수 있는 무게감을 샤기한 질감으로 조절한다.
⑥ 비대칭으로 구성한 실루엣에서 균형감을 얻을 수 있도록 시뇽 크기와 위치의 밸런스를 고려한다.

(3) 브록킹

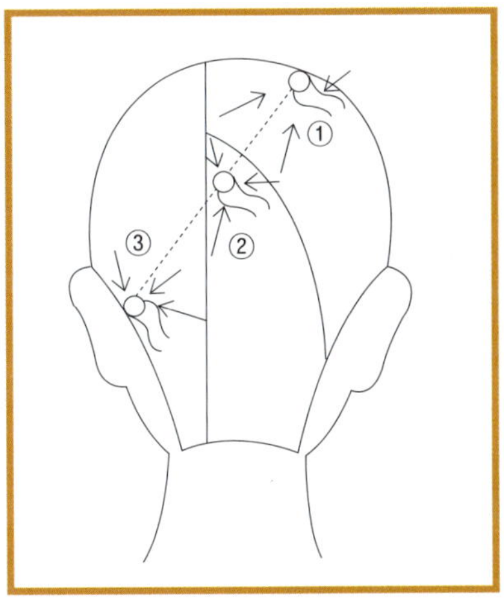

① 첫 번째 면을 왼쪽 사이드, 왼쪽 백 사이드, 왼쪽 네이프 사이드를 나눈다.
② 두 번째 면은 후두부의 골덴, 백, 네이프의 센타를 연결하여 나눈다.
③ 세 번째 면은 프론트, 오른쪽 사이드, 백 사이드, 네이프 사이드를 나눈다.

① 스타일에 따라 브록킹 한다.

② 네이프 사이드에 묶음 토대를 만든다.

③ 프론트 사이드에 묶음 토대를 만든다.

④ 골덴에 묶음 토대를 만든다.

⑤ 네이프 토대머리에 백콤을 넣는다.

⑥ 토대 뒤에 싱을 댄다.

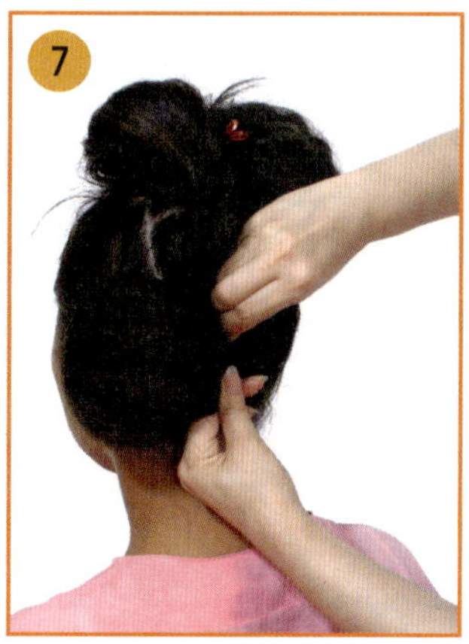

⑦ 백콤한 머리를 빗질한 후 싱을 감싼다.

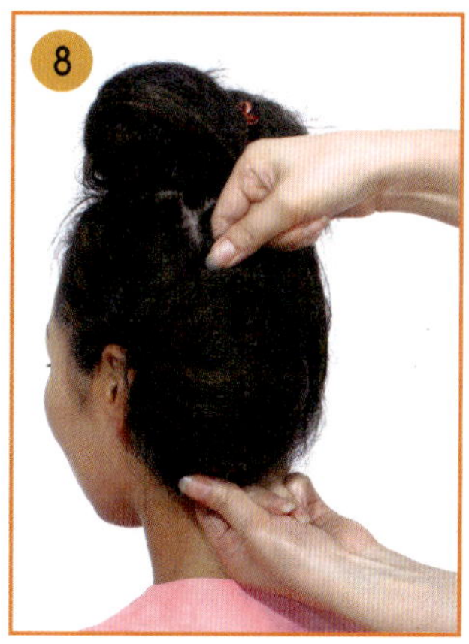

⑧ 머리를 펼쳐 시뇽을 만든다.

⑨ 골덴 토대의 머리에 백콤을 넣는다.

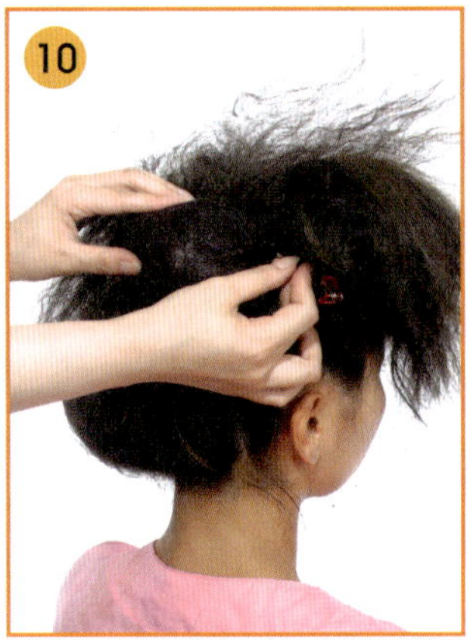

⑩ 동일한 방법으로 싱을 대고 시뇽을 만든다.

⑪ 프론트 토대의 머리를 2:1의 비율로 나누어 프론트 사이드에 시뇽을 만든다.

⑫ 나머지 가닥으로 작은 시뇽을 만든다.

⑬ 완성된 옆모습

⑭ 완성된 앞모습

3) 헤어바이나이트

헤어피스로서 다양한 스타일의 연출하는 일명 '헤어바이나이트' 라는 아트헤어이다. 시술자 숙련된 테크닉을 바탕으로 디자인적 발상과 요소가 필요로 하며, 의도하는 디자인의 테마가 잘 표현되어야 한다. 밤의 헤어인 만큼 화려하고 섹시한 이미지를 연출한다.

① 전체 머리를 탑에 묶어서 고정한 후 피스를 프론트에 피스를 댄다.

② 짧은 피스는 아래쪽, 긴피스는 위쪽에 댄다.

③ 위쪽 피스를 두 번 말아 롤의 형태를 만들어 고정한다.

④ 짧은 피스는 한번 말아 이마를 살짝 가려준다.

⑤ 프론트 사이드에 피스를 댄다.

⑥ 피스를 말아 이마 쪽으로 흐름을 잡는다.

⑦ 샤기한 달비를 탑에 연출하여 프론트의 롤뱅과 조화시킨다.

4) 미니멀리즘

미니멀리즘의 조형성의 특징을 고려하여 극도로 단순한 미니멀라인을 나타내고자 소재의 사용을 절제하였으며, 모발 자체의 소재만으로 동일한 형태의 뱅 패턴을 사용하여 단순하면서 자연스럽고 편안한 이미지를 연출한다.

5) 자연주의

자연물을 소재를 응용하여 콜라쥬한 형태로 자연의 색을 지닌 꽃, 깃털, 나뭇가지, 양모 등의 소재를 사용하여 자연에 대한 동경과 과거에 대한 회상을 시도하며 자연회복과 인간의 안락함을 표현한다.

6) 초현실주의

이성의 통제를 받지 않고 형식이나 관념에서 벗어나 표현되어지는 오토마티즘 기법을 응용하여 인조 컬러피스와 깃털, 풀잎 등을 오브제화 하여 콜라쥬한 작품으로 예술과 헤어와의 밀접한 관계를 시도하며, 고정관념을 파괴한 기하학적인 과잉장식으로 시각적 포인트를 준다.

참고문헌

김환, 열두손가락 업스타일. 도원출판 2001
나영순, 류지원, 업스타일을 위한 기본기술과 디자인 구성
류지원, 임인숙(2000), 헤어 장식을 위한 조형성에 관한 연구, 한국미용학회지
이정호, 한영숙(1997), 올림머리 체계 및 분류 연구, 한국미용학회지
전선정외, 미용미학과 미용문화사. 청구문화사 2002
정흥숙, 서양복식문화사. 교문사 1997
한국복식문화 2000년 조직위원회, 우리옷 이천년. 2001
新井唯夫 Up Styling Ⅰ, Ⅱ, 新美容出版, 2001
谷口愛子, 美しい アップ63, 新美容出版, 1996

사진촬영

예술 스튜디오

용어 정리

(ㄱ)

가리마(加里亇) : 조선시대 부녀자들이 쓰던 쓰개의 하나. 너비 65㎝ 가량의 검은 비단에 자색 비단을 반으로 접어 두 겹으로 한 후 그 속에 두꺼운 종이를 배접하여 만드는데 납작한 책갑의 형태이다.

가이드 라인(guide line) : 스타일을 만드는데 기준이 되는 머리의 길이.

가체(加髢) : 부녀자들이 성장할 때 머리숱이 많아 보이게 덧 드리는 다른 머리 다발.

강조(dominance) : 한 단위가 중점이 되어 두드러지게 표현함으로서 디자인 내에 가장 큰 영향력을 미치게 한다.

개성(individuality) : 각 사물 또는 각 개체가 지닌 고유한 특징적 성격.

골덴 포인트(golden point) : 턱에서 양 귀를 연결한 선의 연장선이 두정부에서 만나는 지점.

꼬기(twist) : 하나, 둘 혹은 세 가닥의 머리를 교차하거나 꼬아서 밧줄 형태의 모양을 만들거나 똬리를 만들어 형태를 내는 방법.

구심(求心) : 회전하는 물체가 중심을 향하여 가까워지려고 하는 작용. 얼굴 방향으로 모발의 흐름을 갖는 것.

그라데이션(gradation) : 점차적 이행. 조금씩의 변화. 색채 용어에서는 선염법(농담을 점점 짙게 또는 엷게 하는 것) 농담. 백과 흑의 명도 단계의 변화 등이 있다.

기슈(guiches)(불): 이마와 뺨에 걸친 애교머리.

(ㄴ)

낭만주의(romanticism) : 18세기 말에서 19세기 중엽까지 유럽 전역과 그 문화권인 남북 아메리카에 전파된 문예사조. 동적인 것보다 정적인 것을, 토속적인 것보다 도회성을, 노골적인 것보다 우아함을 중시하는 귀족 문화였다.

낭자머리 : 조선시대 부녀자들이 예장할 때 모양내는 땋은 머리 스타일의 하나. 쪽진 머리 뒤에 비녀를 꽂았다.

내로우 웨이브(narrow wave) : 릿지(등성이)와 릿지의 폭이 좁거나 커브가 급한 웨이브. 파장이 많으므로, 전체가 곱슬곱슬한 머리에 가깝게 된다.

내추럴 드라이(natural dry) : 1.자연스럽게 보이도록 건조시키는 것. 2. 자연건조

내추럴 쉐이프(natural shape) : 자연스런 머리흐름에 맞추어서 빗기는 것

내추럴 컬(natural curl) : 자연스런 형태의 컬이나, 태어날 때부터 유전적인 curlly상태의 hair를 말한다.

네로우 섹션(narrow section) : 좁게, 적게 나누는 섹션.

네로우 웨이브(narrow wave) : 릿지와 릿지의 폭이 좁거나 커브가 급한 웨이브. 파장이 많으므로 전체가 곱슬곱슬한 형태에 가깝다.

넥 라인(nack line) : 목덜미의 선, 목덜미의 깃 닿는 곳의 헴라인.

노트(knot): 본래의 뜻은 매는 것으로 넥타이, 리본 등이 묶인 부분. 미용에서 가닥을 묶거나 얽는 매듭 부분. 또는 토대나 베이스를 만들기 위하여 만드는 부분의 의미.

뉘앙스(nuance)(불) : 색조, 농담, 음영, 그라데이션(선염법) 톤, 감정, 정서 등의 여러가지 표현을 포함. 다른 것과 조금 다른 미묘한 특색을 표현하는 것. 개성미의 미묘한 차이가 뉘앙스의 특징이다. 뉘앙스는 감정과 기분, 여러 가지 상태 등의 모든 막연한 표현에서 찾아볼 수 있는데, 뉘앙스는 감각의 사용방법을 분별하면 스스로 표현 가능한 것이다. 개성은 각각 다른 뉘앙스를 가진다.

(ㄷ)

다운 다이애고널 파트(down diagonal part) : 머리를 가르는 방법의 한 가지, 사이드 파트(side part)의 가르마선이 뒤쪽으로 향함에 따라서 내려가는 것 같은 가르마을 말한다.

다운 세이핑(down shaping) : 다운은 밑 방향으로, 세이프는 윤곽, 형태란 뜻. 모발의 진행 방향이 아래로 향한 형태를 만드는 것.

다운 스템(down stem) : 스템은 모근에서 컬이 말리기 시작한 곳까지를 말하며 다운스템은 컬이 말리는 부위가 밑으로 길어지는 와인딩의 방법. 볼륨을 억제하는 효과를 갖는다.

다이아그램(diagram) : 그림, 도해, 도표.

땋기(braid) : 셋 이상의 가닥으로 갈라서 엮어 한가닥으로 표현하는 방법.

똬리 : 머리에 짐을 받치는 고리 모양의 물건.

대상(object) : 예술에 있어서는 표현 작용을 향한 목표가 되는 소재, 제재 등을 총칭한다. 객관, 객체와 거의 같은 뜻으로 사용된다.

대조(contrast) : 반대적 요소의 바람직한 관계. 다양성을 만들어내고 서로 대립되는 요소가 디자인의 흥미를 자극한다.

대칭(symmetry) : 점 · 선 · 면, 또는 이것들로 된 형태가 어떤 기준이 되는 점이나 선, 또는 면을 중심으로 서로 맞서는 자리에 놓이는 경우.

W형 핀 고정 : 핀을 꽂는 방법의 하나로, 가장 처음에 꽂는 핀의 앞과 다음 핀의 뒷부분을 W형으로 교차시켜 가는 기법. 머리숱이 많거나 토대가 없는 경우에 고정시키기 위한 방법으로 사용.

덕 테일 플러프(ducktail fulff) : 머리끝이 위를 향해 퉁겨진 것 같이 간추려진 모양.

덜 웨이브(dull wave) : 덜은 활발하지 않은, 둔한, 침체되었다는 뜻. 굴곡이 확실하지 않은 웨이브.

동선(traffic line) : 공간에 있어서의 인간과 물체의 움직이는 궤적.

등신법(等身法) : 머리에서 턱까지를 한 단위로 하여 신체를 나누어 나타내는 신체 비례법.

디랙션(direction) : 흐름, 방향.

디자인(design) : 예술성 있는 전체를 만들어내는 모양, 선 그리고 장식적인 효과의 배열.

디자인 코움(design comb) : 롱 헤어(long hair, 긴 머리) 스타일의 유행과 함께 생겨남. 빗으로 끝마무리 할 때 콤의 형을 사용해서 모발에 독특한 형을 표현시키기 위해 쓰인다. 대표적인 것으로 메쉬 코움(mesh comb)이 있다.

디포메이션(deformation) : 형을 바꾼다. 모양을 바꾼다. 변형한다는 뜻이다.

㈃

라운드 사이드 파트(round side part) : 사이드 파트가 곡선을 그린 파트 라인. 라운드 파트라고도 말함.

라이트 백(right back) : 오른쪽 뒤, 오른쪽 후두부

라이트 사이드(light side) : 헤비 사이드(heavy side)의 반대로 가벼운 쪽, 즉 머리양이 작은 쪽을 라이트 사이드라고 한다.

라이프스타일(life style) : 패션을 생활전체에서 찾아내는 것이 라이프스타일이다. 생활 감각이 복장, 머리모양, 인테리어 전체에 반영되어, 하나의 스타일을 나타내는 것.

라인(line) : 선, 외형

램프 드라이어 (lamp dryer) : 출력이 큰 전등을 사용해서 그 열로 건조시키도록 한 드라이어

랫 테일 콤(rat-tail comb) : 쥐의 꼬리 같이 가는 자루가 붙어있는 빗. 일반적으로 테일코움, 링 코움 등으로 불림. 자루 부분은 파트를 나누거나 머리 묶음을 나눌 때 사용된다.

러프(rough): 격식 없는, 조작 없는, 거친.

레프트 사이드(left side) : 왼쪽, 좌측부

렉탱글러 파트(rectangular part) : 머리를 나누는 방법의 하나. 두정부를 장방형으로 나눈 것. 리탱글러는 장방형이란 의미.

로드(rod) : 웨이브를 만들 목적으로 머리카락을 마는 기구.

로마네스크(Romanesque) : 11세기, 12세기 중엽에 걸쳐 유럽 전 나라에서 행해진 고대 로마의 요소에 동양적인 수법을 가미한 건축, 조각, 회화의 양식.

로맨티지즘(romanticism) : 낭만주의. 몽상적, 감상적, 주관적 정서를 즐기는 경향. 8세기말부터 9세기에 걸쳐 프랑스에서 일어나, 유럽에 전개된 문예사조. 고전주의에 반항하여 자유스런 공상과 감정을 중시하는 경향.

로맨틱(romantic) : 공상적. 시적인.

로얄(royal) : 왕위의, 왕가에 어울리는. 고귀한.

로우(low) : 낮다는 의미. 로우 틴.

로우 웨이브(low wave) : 파상이 부드러운 산 모양의 완만한 웨이브.

로컬리티(locality) : 지방성, 지방색, 지방의 무늬.

롤러(roller) : 머리 모양에 볼륨을 위해 쓰는 세트용 컬러.

롤링(rolling) : 빗, 롤, 브러시를 반복 회전 시키는 동작.

롤 부러쉬 (roll brush) : 둥근부러쉬, 회전부러쉬

롱 스템 롤러 컬(long stem roller curl) : 스템을 길게 롤로 만 컬. 머리 다발을 두피에 대해 45도 각도 이상으로 세이프 하여 만다.

루즈(loose) : 깔끔하지 못한 모양. 야무지지 못한.

리드미컬(rhythmical) : 율동적. 박자가 좋은 것.

리듬(rhythm) : 운율, 박자. 일반적으로 규칙적인 반복운동.

리 디자인(redesign) : 이미 디자인 되어있는 제품을 고쳐서 다시 디자인하는 것. 또는 개선하는 것.

리버스(reverse) : 뒤쪽이란 뜻으로 포워드의 반대되는 말이다. 어느 쪽에서나 얼굴의 위치에서 뒤로 방향을 잡는 것.

리세트(reset) : 끝마무리나 콤 아웃(comb out). 브러시 아웃 등으로 불리 우는 기술로 최종의 끝마무리로 재차 고치는 작업.

리얼리티(reality) : 현실. 실재성.

리젠트 스타일(regent style) : 앞머리, 양 사이드를 모두 뒤로 넘겨서 포마드를 듬뿍 바른 머리모양.

릿지(ridge) : 산등성이, 꼬리 부분의 근육이란 의미로부터, 미용에서는 웨이브의 융기, 융기선을 말한다.

(ㅁ)

마가렛(margaret) : 묶는 머리의 일종. 세 개로 땋아서 큰 원을 만들고, 리본으로 장식 하여 뒤에 올린 형태.

메저드 크라운 포인트(measured crown point) : 두부의 측정에 임해서 기준이 되는 곳 또는 점

매치(match) : 조화된 것. 닮은 것.

메리트(merit) : 가치, 이점, 업적, 공훈.

메슈(meche)(불) : 머리의 묶음(송이), 탈색하다란 뜻으로, 머리의 일부분을 칼라링 하는 것.

모던(modern) : 현대적인, 근대적인.

모듈레이션(modulation) : 가감. 조정.

모드(mode) : 방법, 형식, 양식, 유행. 모드는 일반적으로 패션과 동의어로써 쓰여 진다.

모울드(mould) : 모양을 만들다. 갖추다.

무브(move) : 움직임. 움직이는 듯한 느낌.

무브먼트(movement) : 동세. 운동. 움직임이 있다는 것으로 나타내는 아름다움으로, 미를 만드는 하나의 요소가 된다. 작품의 선, 색채, 터치가 동적으로 생기 있는 표현효과를 나타내는 것.

미니멀리즘(minimalism) : 장식적인 요소는 일절 제하고, 최소한으로 표현한 양식.

밀리톤(mirliton)(불) : 18세기 중기, 프랑스에서 유행한 머리 모양. 정면 아웃라인은 앞머리와 사이드 머리를 짧게 하여, 작은 컬을 늘어놓은 듯 만들고, 타페라고 불리는 묶는것으로 컬을 지탱해서, 꽃과 깃털의 장식을 달았다. 뒤는 올려, 그 머리끝을 프런트 컬의 중간에 넣었다.

(ㅂ)

바이세트릭스(bisetrics) : 2등분. 좌우 대칭.
바이어스(bias) : 사선. 비스듬한.
반복(repetition) : 모든 단위가 위치를 제외하고 동일할 때.
방사 분배(radial Distribution) : 머리를 한 시작점(중심)에서 360도로 분배하는 방식.
배럴 컬(barrel curl) : 배럴은 통의 의미. 원통형으로 감긴 폭이 넓은 컬.
백(back) : 안, 배경, 미용용어에서는 두발의 뒷부분. 머리 가르마를 타지 않고, 모두 뒤 방향으로 넘겨 만든 머리형에도 쓰인다. 올백 등.
백 다이애거널 파트(back diagonal part) : 머리를 가르는 선의 일종. 크라운에서 후두부를 비스듬히 가르는 것을 말한다.
백콤(back comb) : 볼륨을 더해주고 방향을 유도할 때 머리다발을 들어 올려 빗으로 밀어 넣는 동작.
밸런스(balance) : 균형. 디자인 요소들의 평형관계.
뱅(bang) : 잘라서 내린 앞부분의 머리.
버라이어티(variety) : 다양성, 변화.
버티컬 슬라이스(vertical slice) : 세로의 슬라이스
베리에이션(variation) : 변화.
베이스(base) : 기본, 기준. 토대. 심지. 컬을 만들기 위해 나눈 머리 다발의 근원 부위를 말한다. 커트나 퍼머, 핀컬, 드라이 등을 시작할 때 제일 먼저 결정되어지는 머리의 두피 부분, 밑뿌리를 말하는 것으로 화장에서는 기초 밑바탕이 되는 밑 화장을 말한다.
벤딩 포인트(bending point) : 머리칼이 구부러지는 지점(절곡선), 머리칼을 구부릴 때 그 무게가 영향을 미치게 되는데 그것은 머리칼 길이에 따라 변하여 온다. 머리칼의 무게가 영향을 미치게 하는 최소한의 길이를 말한다.
보이쉬 스타일(boyish style) : 남자아이 같은 머리형으로 자른 여성의 헤어스타일. 1930년경 영국의 여배우 베아트리스 리리에 의해 보이쉬 보브가 일반화되어, 제 2차 세계대전 후, 헤프 반 스타일, 세실 커트 등에 이어졌다.
보그(불)(vogue) : 유행. 인기. 가장 새로운 경향.
보헤미안(Bohemian) : 보헤미아 풍. 방랑적인 생활을 하는 사람. 예술가 등에서 보여 지는 방랑자형. 집시의 다른 이름.
볼륨(volume) : 부피의 감각.
브러싱(brushing) : 머리를 브러시로 빗는 것. 머리를 가지런히 정리할 목적으로 사용된다.
브레이드(braid) : 셋 이상의 가닥으로 갈라서 엮어 한가닥으로 표현하는 방법. = 땋기
블로킹(blocking) : 미용 기술을 시술할 때, 머리카락을 크게 구분하여 나누는 것. 시술의 편리를 위하여 스타일에 맞추어서 구분 짓는 구획.
브리지 라인(bridge line) : 슬라이스한 판넬의 접전을 이은 선
비조화(discord) : 단위들간 최대치의 간격. 극도의 대조.
비쥬얼 디자인(visual design) : 시각적으로 호소하는 것을 강조하는 디자인으로 신문, 잡지, 그 외의 인쇄물, 텔레비젼, 영화, 사진, 사인 보드 같은 대량생산매체 등, 모든 시각적인 표현에 관한 디자인을 총칭.
비쥬얼라이제이션(visualization) : 머리 안에 떠오른 이미지를 구체화하여 시각화해 표현하는 것.
비하이브(beehive) : 뒤로 머리를 빗어 넘겨 둥근 돔(dome)처럼 높게 과장시킨 머리모양이다. 1950년대 말~1960년대 초 런던의 테디 걸(Teddy girl)에 의하여 유행한 머리모양. 빙글(bingle):깎아 올린 짧은 단발머리를 말한다. 보브와 싱글의 혼합형이다.

(ㅅ)

사이드(side) : 양측두부.
사이드 파트(side part) : 머리를 가로로 나누는 선

사이케 놋(psyche knot) : 사이케는 그리스 신화 중, 에로스에게 사랑 받은 미녀. 19세기 중기이후, 그녀와 닮은 머리모양이 유행. 옷깃 가까이에 머리를 헐렁하게 비틀어 올린 헤어 스타일.

샤기(shaggy) : 보풀이 일어난 긴 표면 털(직물에 난 털)을 가진 모직물. 텁수룩한 털이란 뜻. 정돈되지 않은 듯한 질감 표현으로 자유스럽고 편안함을 갖는 미용의 질감 표현법.

서클 파트(circle part) : 서클은 기하학적 곡선으로 원, 원주. 파트는 원형으로 잡은 것. 라운드 파트와 같음.

선(line) : 연장된 점(점들의 집합).

세미 롱(semi-long) : 숏과 롱의 중간의 머리 길이로 정돈된 머리 모양, 턱부터 약 1cm아래로 내려온 길이.

세이핑(hair shaping) : 빗으로 빗기면서 형을 만드는 것으로 컬과 웨이브를 만들기 위한 기초 기술 등을 말한다. 헤어스타일을 위한 업 세이핑(up shaping), 다운 세이핑(down shaping)이 있다.

세트(set) : "본래 의미는 특정한 위치나 상태로 둔다"라는 뜻이지만 "정리 한다"라는 의미로 쓰인다.

세퍼레이션(separation) : 분리시키다.

섹션(section) : 부분, 구면, 칸막이 등의 의미로부터 블로킹으로 구분한 부분 또는 더 작게 나눈 부분.

센스(sense) : 라틴어의 센수스(감각)으로부터 유래. 감각, 사려, 사물의 미묘한 느낌, 의미를 생각하는 활동.

센시빌리티(sensibility) : 감수성.

센터 백 파트(center back part) : 두정부부터 네이프까지 전체를 중앙으로 하여 나누는 것.

센터파트(center part) : 머리를 이마에서 정중선으로부터 나눈 것.

소바쥬(sauvage)(불) : 야성의, 미개인, 야만인의 뜻. 자연적인 웨이브를 살리는 야성적 스타일.

스윙 웨이브(swing wave) : 스윙은 흔들리는, 진동한다는 뜻. 흔들리는 듯이 큰 움직임을 가진 웨이브.

스크런칭(scrunching) : 디퓨저를 사용해 머리를 말릴 때 부드럽게 머리를 쥐어주는 마무리 기법.

스퀘어(square) : 정방형(네모진).

스퀘어 베이스(square base) : 정방형 베이스.

스파이럴 컬(spiral curl) : 나선형으로(스파이럴) 머리묶음을 땋는 컬.

스파이키(spiky) : 머리의 앞, 머리 묶음에 날카로움을 주는 것. 본래는 못 같이 앞부분을 날카롭게 한다는 뜻.

스타일(style) : 양식. 격식, 형. 좁은 뜻으로는 시대의 대표적인 형으로서 정착된 경우를 말한다. 복장에서는 룩, 패션과 같은 뜻으로 쓰인다.

스타일링(styling) : 양식. 실용적, 미적 효과를 높이기 위해 외견 스타일에 특색을 주는 것. 또는 프로세스를 말한다.

스타일리스트(stylist) : 패션쇼, 잡지, 텔레비젼, 영화 등의 의상과 소품 또는 실내장식품을 선정, 코디네이터 하는 사람. 세련됨을 중시하는 사람. 작가.(예술상의 형식주의자를 뜻하기도 함)

스탠드 업 컬(stand up curl) : 스템이 두피로부터 선 듯이 만든 컬. 볼륨을 만들고 싶을 때 사용. 마는 방향에 따라 포어드와 리버스의 두 종류가 있다.

스탠드 업 컬(stand up curl) : 컬을 두피상에 일으켜 세운 컬(직각으로).

스테이지 메이크 업(stage make up) : 무대용의 화장. 도란(화장용 유성분), 글리스 페인트 등을 사용.

스쿼어 파트 (square part) : 4각으로 나누는 것. 머리칼 나누기의 기본형의 하나. 이마의 양쪽각에서 사이드 파트하고 두부의 정상 사이에서 이마의 햄라인과 수평으로 나눈것. 렉크탱귤러 파트(rectangular part)라고도 한다.

스템(stem) : 베이스에서 부터 컬을 말기 시작한 곳까지를 말한다.

스트랜드(strand) : 실, 가닥 등의 의미로, 한 줄기의 모발 묶음, 한 가닥의 모발을 말한다.

스트림 라인(streamline) : 스트림은 흐르다, 경사의 뜻. 유선형.

스트레이트 백(straight back) : 스트레이트는 똑바른, 말끔하다는 의미. 머리를 전부 뒤로 넘긴 헤어스타일. 속칭 올백.

스페이스(space) : 공간, 장소, 여백, 건축, 조형 등에 있어서 3차원적인 공간과 넓이. 회화, 글 등에서는 2차원 적인 화면, 여백 등의 의미로 쓰인다.

슬라이스(slice) : 한번 자른. 부분. 얇게 자른. 머리카락을 아주 적게 나누는 것.

슬리크 스타일(slick style) : 슬리크는 매끈매끈 하다는 뜻. 웨이브를 만들지 않고 깔끔하면서 산뜻한 질감의 머리 모양.

슬림 실루엣(slim silhouette) : 내로우 실루엣과 같음. 전체를 마르게 보이게 한다.

시니어(senior) : 쥬니어에 대한 성년자란 의미. 연장자, 상급생.

시뇽(chignon)(불) : 틀어 올린 머리, 머리를 틀어 올리거나 업스타일에서 마지막 연출되는 머리끝의 모양.

시메트리(symmetry) : 좌우가 대조적으로 균형이 맞는 것. 좌우대칭.

실루엣(silhouette)(불) : 윤곽선. 라인과 같은 뜻으로 쓰임. 그림자. 18세기후반, 프랑스의 대장대신 실루엣이 재정 절약을 위해서 초상화에 색을 쓰지 않고 검은색 한 색만으로 그리는 것을 주장한데서부터 유래.

심볼(symbol) : 상징, 표상, 기호.

싱글(shingle) : 지붕의 경사처럼 밑에서부터 위로 차차 짧게 깎은 머리형태. 1920년대 여성에게 유행한 스타일이다.

써멀 스타일링(thermal Styling) : 머리를 디자인하기 위해 열이 필요한 기구, 예를 들어 컬링 아이롱이나 전기 셋트와 같은 기구를 사용하는 것.

(ㅇ)

아니소토로피(anisotoropy) : 공간의 이방성. 같은 길이의 직선에서도 수직으로 놓여 있을 때와 수평으로 놓여 있을 때 수직으로 놓인 것이 더 길게 느껴진다. 선의 길이가 같아도 심리적 공간이 같지 않을 때를 말한다.

아라모드(a la mode)(불) : 유행에 따르다 라는 뜻으로, 최근 유행이나 현대식의 복장을 말한다.

아방 가르드(avant_garde)(불) : 아방가르드. 예술학적으로는 전위파, 전위미술을 의미한다. 제 1차 세계대전 후 프랑스에서 일어난 미술운동. 문학, 회화, 영화예술 등에서 전통을 부정하고 새로운 것을 추구한 것으로 일정한 유파가 아닌 예술 정신에 관한 것으로 혁신적인 예술가와 그 경향을 가리킨다. 특히 추상주의(애브스트랙트)와 초현실주의(슈레얼리즘)을 총칭하여 아방가르드라고 가리키는 경우가 많다. 변화하는 예술 운동의 안에서 기성 세대의 관념과 유파를 부정하고 항상 새롭고 혁명적인 것을 창조하자는 경향을 총칭하고 있다.

아웃라인(outline) : 외형, 윤곽, 약도, 사물의 대략적인 형태. 미용에서는 머리 모양의 실루엣(silhouette).

아프로(Afro) : 1960년대 아메리카 흑인들에게서 유행된 스타일. 고수머리를 짧게 말아 올려 컬을 하거나 동그란 헬멧 스타일로 만든 모양이다.

악시피탈 본(occipital bone) : 후두부에 튀어나온 뼈를 가리킴으로 후두부에서 움푹 들어간 부분과 대응함.

암 롱(arm long) : 이브닝 드레스 등에 착용하는 팔 위쪽까지 올라오는 긴 장갑.

앙글레즈(anglaise)(불) : 길게 세로로 땋아 묶은 머리. 이탈리아 풍의 세로 롤의 머리모양에서 19세기중반 유행.

앙상블(emsemble)(불) : 정돈됨, 통일, 조화란 뜻. 정돈된 복장에서부터 장식품에 이르기까지 전체적으로 조화를 이룸.

앙포르메르(informel)(불) : 무형. 무형파. 비정형파. 이지적인 생각을 피하고, 우연의 효과에 의한 작품을 정리하는 방법을 말한다.

역모(逆毛) : 백콤의 결과로 이루어진 쌓인 모발, 이를 위한 과정.

애프터 이미지(after image) : 심리학 용어로서 잔상.

액세서리(accessory) : 장신구. 부속품, 주로 의복에 대해 복장을 제외한 것. 팔찌, 브로치, 귀걸이, 벨트, 모자, 장 갑, 손수건, 가방, 신발 등의 장식.

액센트(accent) : 강조, 강약, 억양, 어조. 즉 어느 부분을 강조하거나 눈에 띄게 하는 의미로 사용된다.

앰비밸런스(ambivalence) : 심리학 용어로 반대되는 감정의 양립, 양면 감정. 같은 대상에 대한 상대되는 감정의 공존.

앵글(angle) : 각, 각도, 시점이란 뜻으로, 대상과 시선 관계의 각도를 말한다.

양감(weight) : 볼륨. 물체의 크기, 무게, 두께 등의 느낌. 조형 예술에서는 대상물의 실재감, 입체감을 포함한다.

어낼러시스(analysis) : 분해. 분석. 어떤 디자인 전체를 부분으로 나누는 절차.

어레인지(arrange) : 개작하다. 조정하다. 특별하게 각색하다.

어레인지먼트(arrangement) : 순서를 정하다. 배치, 배합. 장식을 의미하기도 한다.

어시메트리(asymmetry) : 비대칭, 불균형, 부조화를 말하는 것으로 머리카락의 흐름이나, 부풀어 있는 정도가 좌우 대조적으로 균형이 맞지 않는 것.

어여머리 : 크게 땋아 올린 예장용 머리형의 하나. 의식 때 대례복과 함께 착용하는 머리형이다.

어코드(accord) : 일치성.

언더 브레이드(underbraid) : 바깥 가닥을 가운데 가닥의 아래로 교차 시키면서 땋는 방식. = 아래 땋기

언밸런스(unbalance) : 불균형. 불평형. 균형이 잡히지 않은 것으로 운동감을 주는 효과가 있다.

언폼드(unformed) : 형식이 없는 것.

얹은머리 : 머리채를 뒤에서부터 땋아 앞 정수리에 둥글게 고정시킨 머리모양. 쪽진머리와 같이 혼인한 부녀자의 대표적인 머리형태로 상대 사회로부터 내려온 머리형태이다.

업 다이애거널 파트(up diagonal part) : 다이애거널은 대각선, 경사의 뜻. 파트는 나눈다는 의미. 사이드 파트의 경우 나누는 선이 뒷 방향에서부터 올라가는 것을 말함.

업 스웹트 스타일(up swept style) : 빗이나 브러시로 쓸어 올린다는 의미.

업 스타일(up style) : 올림머리. 얹음머리. 머리 모양의 기본 중 하나. 끝 부분이나 양측 두부의 머리를 두정부에서 한데 합친 머리의 총칭.

에필(efile)볼 : 머리를 땋을 때 머리끝을 가늘게하고 또는 엷게한다는 뜻

엔드 오브 컬(end of curl) : 컬 상태로 만들어진 모발의 선단 부분. 컬의 끝 부분.

엔드 플러프(end fluff) : 플러프는 솜털, 푹신푹신한 느낌이란 뜻. 엔드 프루프는 머리카락의 처리를 볼륨을 주어 뜨게 하는 것. 라운드 프루프와 베이지 보이 프루프가 있다.

엘레강스(elegance) : 우아, 우미, 품격 높은, 바르고 우아함. 자연스럽게 감도는 부드러운 미.

오너먼트(ornament) : 장식품. 장식하는 것. 목걸이나 가슴의 꽃 등.

오리지날(original) : 원시의. 고유의. 독창적.

오리지날리티(originality) : 독창성. 창조력. 신기술의 구축. 작품의 아이디어, 표현의 수법 등에 작자의 독특한 새로움을 나타내는 성질.

오버랩(overlap) : 겹치다. 중복되다. 가닥과 가닥을 겹치는 것. 또한 좌우와 앞의 옷의 길을 적당히 겹치는 것. 부분적 중복을 말한다.

오벌 페이스(oval face) : 달걀형의 얼굴. 오벌은 달걀형, 타원형이란 뜻.

오브롱(oblong) : 장방형의, 직사각형의.

오스트리치 페더(ostrich feather) : 타조 털로 만든 장식. 모자나 머리장식에 사용됨.

오프 더 페이스(off the face) : 얼굴로부터 떨어져서라는 의미. 미용 용어에서는 머리를뒤로 넘겨서 이마를 확실하게 드러내는 헤어스타일을 말한다. 다른 이름으로 풀 백 스타일, 오프 더 브라우가 있음.

와인딩(winding) : 모발을 로드에 마는 기법. 랩핑(wrapping)이라고도 한다.

원(circle) : 기하학적인 닫힌 곡선 모양으로 원주로 둘러싸여 있으며 중앙의 시작점에서 직경이 일정하다.

원랭스 커트(one length cut) : 모발의 컷트선이 일정한 라인을 유지하면서 인사이드와 아웃사이드의 단차가 없는 상태.

원 롤(one roll) : 양 귀의 후두부로부터 네이프에 따라서 밖으로 말아, 큰 롤상으로 전테가 말린 머리 모양. 봉 모양으로 만들어진 보조머리를 싱으로 사용한다.

원심(遠心) : 회전하는 물체가 중심에서 멀어지려는 작용. 얼굴 바깥으로 모발의 흐름을 갖는 것.

위그(wig) : 가발.

위로 땋기(over braid) : 바깥 가닥을 가운데 가닥 위로 교대로 겹치는 땋기.

위브(weave) : 한 끝에서 다른 끝까지 안과 밖을 엮으며 지나가기.

위스피(whispy) : 작은 묶음 상의, 이마에 걸친 머리를 얼굴 쪽으로 말아 발랄해 보이는 머리 스타일을 말한다.

윙 스타일(wing style) : 1954년 미국의 봄부터 처음 유행한 것으로 두부 양 사이드를 새의 날개처럼 옆으로 늘어 뜨리고 두정부는 평평하게 한 머리모양.

유니섹스(unisex) : 모노섹스. 복장등에서 남녀 구별이 없는 현상.

유니크(unique) : 독특한, 종류가 없는.

유니티(unity) : 단일, 일치, 합동. 조형미를 만들어내기 위한 기본원리의 하나.

유틸리티(utility) : 유효성. 실리.

유형(type) : 타입. 어떤 상징을 공유하는 한 무리의 사물에 대해서, 그 특징을 추출하여, 이상화시킨 형식. 유형은 어떤 범위 내에서의 보편적인 것을 말하나, 주로 개별적인 것으로 구체화되어, 형상으로서의 상태를 이룬다.

이레귤러(irregular) : 불규칙한, 파격적인, 정돈되지 않은, 규격이 아닌 것.

이미지(image) : 모습, 모양, 꼴, 상징. 마음속에 그려지는 사물의 감각적인 영상.

이미지 라인(image line) : 얼굴, 턱, 두부의 형으로부터 전체 실루엣을 정해 헤어디자인을 위해 만드는 라인.

이어머프(earmuff) : 가리마를 중심으로 머리를 양쪽으로 나눠 땋아서 귀 옆으로 둥글게 말아 묶은 스타일이다.

이어 투 이어 라인(ear to ear line) : 귀에서 귀를 잇는 선.

이어 투 이어 파트(ear to ear part) : 양귀를 연결한 선이 두정부를 가로로 지나면서 나누어지는 것.

익스텐디드 웨이브(extended wave) : 익스텐디드는 넓은, 넓혀진 이란 뜻. 웨이브를 연장한 경우, 우측으로 만 컬의 배열 다음, 좌측으로 만 컬, 그 다음에 다시 우측으로 만 컬로 교차해 배열하는 방법을 말한다. 우측 컬=C (크로크와이즈) 시계방향. 좌측 컬=CC(카운터 크로크 와이즈) 반시계방향.

익스텐션(extension) : 신장. 넓이. 붙이는 머리의 일종으로 머리의 길이, 양감, 다른 질감을 더하는 것. 원하는 부위에 자유스럽게 다룰 수 있는 것이 특징.

인덴테이션 라인(indentation line) : 거꾸로, 반대방향의 선.

인사이드 라인(inside line) : 실루엣의 안쪽에 있는 머리칼의 라인. 헤어스타일의 무게, 볼륨(volume 양감), 무브먼트(movement, 움직임), 방향에 영향을 미치게 된다.

인사이드 코너(inside corner) : 2개의 선이 교차되는 가장 짧은 부분

인턴(intern) : 실습근무. 미용을 실제적으로 훈련하는 것.

인포멀(informal) : 비공식적인, 정식이 아닌. 형식 없는 것.

(ㅈ)

자연주의(naturalism) : 자연을 되도록 충실하게 나타내는 입장. 프랑스를 주축으로 하여 19세기 사실주의를 이어받아 세기말에 활발했던 문학사조로 프랑스 이외의 여러 나라에서도 소설과 연극에 강한 영향을 나타냈다.

잔상(after image) : 주시하고 있는 물체가 사라져버릴 때, 잠시동안 그 형이 눈에 느껴지는 것. 같은 색의 잔상이 보이는 것을 적극적 잔상, 보색이 나타나는 것을 소극적 잔상이라고 한다.

장식(decoration) : 꾸미는 것. 장식한 것. 근대에서는 일반적으로 아름다움을 준다는 의미로 쓰인다.

조디아크(zodiaque)(불) : 머리 모양의 역사상 가장 기발한 스타일의 하나로 거대한 구체상의 머리에 천체를 조합한 것. 로코코후기, 프랑스 루이 16세 시대에 등장.

조짐머리 : 조선시대 반가 부녀의 머리모양의 하나. 다리 열 꼭지로 쪽을 지어 첩지끈과 연결시킨 가체의 하나로 쪽머리를 얹어 장식하였다.

조형 : 형체를 만드는 것. 좁은 의미로는 조형예술을 가리키지만, 오늘날에는 여러 가지 미술적 요소를 지닌 것을 포함시킨 개념으로서 쓰인다. 또한 입체적 조형의 의미로서 쓰이 는 경우도 있다.

조형예술 : 물질적 재료에 형태를 주는 것으로 공간적으로 고정되어, 시각에 호소하는 예술. 건축, 조각, 회화, 장식품 등의 총칭.

조화(harmony) : 한 가지 혹은 몇 가지 점에서 비슷한 단위들의 어울리는 혼합으로 모두가 다 같지는 않다. 어긋남이 없이 서로 잘 어울림.

지그쟈그(zigzag) : 지그재그.

진행(progression) : 모든 단위가 비슷하지만 비례에 따라 커지거나 작아지면 점진적으로 변화한다.

질감(texture) : 물질 그 자체의 독특한 재질의 느낌. 매끈매끈, 꺼칠꺼칠 한 것은 질감을 나타내는 말이며, 헤어스타일에서 질감은 시각적, 촉각적인 표현방식으로 전체 이미지에 강하게 영향을 미친다.

쪽진머리 : 삼국시대부터 있었던 머리 모양으로, 결혼한 여자가 머리를 땋아 틀어 올려 비녀를 꽂는 머리.

(ㅊ)

창작 : 예술적 감동을 문예, 회화, 음악 등의 작품으로서 독창적으로 표현하는 것. 그 심리과정에는 창작적 기분, 착상, 연상, 완성의 단계가 있다.

첩지 : 조선시대 왕비를 비롯한 내외명부가 머리를 치장하던 장신구의 하나. 장식과 형태, 재료에 따라 신분을 나타내기도 하였다.

첩지머리 : 조선시대 부녀자들의 머리 장식에 쓰이는 첩지를 얹은머리.

축(axis) : 어떤 물체의 주위를 회전하는 가상의 직선.

(ㅋ)

카우릭 파트(cowlick part) : 가르마를 타는 방법의 하나. 가마를 중심으로 해서 자연스런 머리의 흐름에 따라서 나누는 방법. 노 파트로 된다.

커런트(current) : 유행의, 현재의, 사조, 풍조.

컨벡스(convex) : 구의 표면과 같이 바깥쪽으로 휘어진 모양.

컨슈머(consumer) : 소비자.

컨스트럭션(construction) : 구성, 구조.

컨케이브(concave) : 움푹 들어갔다는 의미. 기본적인 컷 라인의 하나로 인레이어와 아웃 레이어로 구성되어 들어간 라인의 모양.

컨트라스트(contrast) : 대조, 대비.

컨트롤(control) : 조절, 통제, 조정.

컬(curl) : 머리를 마는 것. 또는 말린 머리 그 자체. 컬의 목적은 웨이브를 만드는 것. 앞머리에 변화를 주기 위하여, 볼륨감을 만들기 위해서 등이다.

컬러(curler) : 컬을 만들어 주는 말이 기구.

컴비네이션(combination) : 결합, 조합, 배합, 공동.

컴포지션(composition) : 작문, 구도, 구성. 여러 부분을 하나의 전체로 구성하는 수단.

코로넷(coronet) : 금이나 보석, 꽃 등으로 만들어진 부인용 머리장식. 원래는 왕족과 귀족의 왕관.

코밍(combing) : 빗을 이용해서 머리를 빗는 것.

코스튬(costume) : 복장, 머리모양 등을 포함하여, 어떤 국민, 계급, 지방, 시대 등에 특유한 옷차림. 의상, 특히 부인복. 연극의 시대의상.

코이퓨어(coiffeur)(불) : 꽃 머리 장식. 생화, 조화 또는 생화와 조화를 엮어 만든다. 귀여운 신부를 연출할 때 쓰는 소품의 하나.

콘 로잉(cornrowing) : 머리카락을 조금씩 나누어서 땋고, 그것을 전체 형으로 만드는 머리 모양. 콘 로우는 옥수수 낱알의 열을 없애서 죽 늘어놓은 것. 1980년대부터 레게의 인기와 함께 일반에 알려지게 되었다.

콤(comb) : 빗.

콤 아웃(comb out) : 마무리 테크닉. 오리지날 셋에서 대충 형을 갖춘 머리를 콤이나 브러시로 희망하는 형으로 만드는 것.

큐(queue) : 길게 하나로 땋아 늘인 머리모양. 한국의 땋은 머리와 같다.

크라운(crown) : 관. 옛날에 왕이 쓰던 위엄을 드높이는 장신구였지만, 최근에는 신부가 웨딩드레스에 맞추어 사용하는 대표적인 햇 드레스 정도가 되었다. 두부의 한 섹션. 전두부로부터 후두부에 걸친 부분을 가리킨다.

크레스트(crest) : 볏, 깃털 장식, 파도의 가장 높은 곳. 웨이브의 가장 높은 부분.

크레파쥬(crepage) : 머리칼을 곱슬곱슬하게 하다. 곱슬하게 만드는 기술

크로스 피닝(cross pinning) : 십자로 교차시켜 핀을 꽂는 것.

크리에이트(create) : 창출하다. 창작하다.

클립(clip) : 모발을 일시 고정하기 위한 금속기구. 웨이브나 컬을 만들 때 머리에 끼우는 금속기구.

키스 컬(kiss curl) : 17세기부터 유행한 것으로 뺨으로부터 옷깃에 걸친 애교머리.

㈕

타원(oval) : 원주로 둘러싸여진 기하학적 닫힌곡선.

타이트(tight) : 꼭 끼다. 틈이 없는, 꽉 죄이다, 꼭 들어맞다 등의 의미.

테크니컬(technical) : 기술적인, 전문적인.

텐션(tension) : 장력, 팽팽하게 당겨지는 힘.

템플(temple) : 성당. 신전. 관자놀이. 측두부.

톱(top) : 정상. 선단. 최고위. 수상.

톱 헤어(top hair) : 두정부의 머리.

통일(unity) : 많은 것을 하나로 정리하는 것. 모든 요소, 소재 또는 조건을 선택하고 정리하여 하나의 완성체로 만드는 것. 철학적으로는 여러 가지의 몇 가지 방법을 써서 하나로 보여지게 만드는 것. 예술작품에서는 작자의 개성이 통일의 주체가 된다.

투피(toupee) : 머리, 딴머리.(덧 넣는 머리)

트라이앵귤러 베이스(triangular base) : 삼각베이스.

트랜드(trend) : 방향, 경향.

트리밍(trimming) : 손질하는 것. 불필요한 부분을 버리고, 전체를 정리하는 등의 의미가 있다. 미용에서는 컷 기술의 하나. 형을 다 갖춘 라인을 희망하는 스타일로 마무리하기 위해서 머리끝을 가볍게 컷하는 기법.

트위스트(twist) : 꼬다. 비틀다. 1961년경부터, 세계 각 국의 젊은이들 사이에서 크게 유행한 춤.

티징(teasing) : 뒤로 벗긴다. 백 콤잉(back combing)이라고도 불린다. 머리 단을 수직으로 유지하고 두피를 향해서 단발에 빗을 넣는다.

㈖

파나쉬(panache)(불) : 깃털 장식(파나쉬)이 가볍게 겹쳐진 듯한 스타일. 프랑스 고등미용 조합(SHCF)이 1952년 추동 시즌에 발표한 것.

파트(part) : 머리칼을 나누는 것(가르는 것). 사이드 파트(side part, 7:3의 비율로), 센터 파트(center part 중앙에서 가르마)등에 있다. 가르마선이 없는 스타일은 노 파트(no part)라고 한다.

파트레스(partless) : 모발에 나누어진 부분이 없는 것. 노 파트라고도 말함.

파 티션(partition) : 분할, 경계의 나눔.

파팅(parting) : 나누는 것. 가르는 것. 그 기법, 분발

패널(panel) : 미용에서는 가는 판상으로 나눈 머리. "판넬"이라고 한다. 건축용어로 벽, 천장, 창문 등의 틀 안에 싸여진 판. 벽판, 우목판이라고 하며 디자인 용어로는 종이를 펼치기 위한 틀, 판. 또는 포스터 등을 게시하는 판이라고 함

패러렐(parallel) : 평행, 상이, 비교.

패셔너블(fashionable) : 유행의. 당 시대 풍의.

패턴(patten) : 형, 유형.

퍼룸(forum) : 소재, 질감, 양감, 움직임 등을 가미해서 만들어진 형.

퍼스탈리티(personality) : 개성, 인격.

퍼워드 컬(forward curl) : 귀의 외각에 따라 위에서 아래의 방향(전방)으로 말려진 컬.

퍼포먼스(performance) : 연기, 행사, 여흥, 성과, 행위, 순서. 예술의 완결성에 대하여 역의 기원을 두고 있는 미래파, 다다이즘 등의 표현행위에 의한 것으로, 우연성을 중시하는, '과정'의 작품을 말한다.

펑크스타일(punk style) : 머리 정수리 쪽의 머리카락이 가볍게 위로 치켜 올라가는 형.

페이스(face) : 얼굴, 얼굴 모양.

페이지보이(pageboy) : 어깨까지 오는 머리를 안으로 말아 웨이브가 안으로 지게 한 머리 모양이다. 1930년대 후반에 생긴 스타일로, 플립형의 반대가 되는 스타일이다.

포니테일 (ponytail) : 1950년대에 미국의 10대 소녀들 사이에 크게 유행된 스타일로 지금도 끈질기게 인기가 거듭되고 있다. 뒷머리 부분의 머리 다발을 글자 그대로 말의 꼬리와 같이 내려진 머리형으로 쥬니어에게 어울리는 헤어스타일의 기본형이다. 그 후 성인 여성의 머리형으로도 크게 발전했다. 이것도 일종의 노트 스타일이라고 할 수 있다. 머리전체를 하나로 모아 정수리 위에 묶는 것.

포멀(formal) : 형식의, 정식의, 의례적인.

포워드 롤(forward roll) : 머리의 앞부분이 포워드가 된 스탠드 업 컬의 일종으로, 포워드 컬에 비교해 말린 머리의 폭이 넓은 롤의 형태가 된다.

포인트(point) : 요점, 시, 장소, 중요한 점.

포커 페이스(poker face) : 무표정한 얼굴.

퐁타쥬(fontage)(불) : 17세기말을 장식한 대표적 머리모양. 프랑스의 루이 14세의 애인 퐁타쥬가 고안하였다고 한다. 철사를 넣어서 정면을 넓게 만 컬의 묶음으로 장식하여 컬의 부족부분은 가발로 메운다. 여기에 퐁타쥬라고 불리는 부채꼴의 본넷을 앞 방향에 휘어진 모양으로 다는 머리모양.

폼(form) : 형, 형식, 자태, 형태.

퐁파두르(pompadour)(불) : 이마 선으로부터 앞머리 전체를 높게 올린 스타일을 말한다. 루이15세의 애인 퐁파두르 백작부인의 머리형에서 유래한 유명한 헤어스타일로 오늘날에도 유행 머리의 기본형의 하나로 되어 있다. 시뇽과 함께 포멀 헤어스타일의 대표격이다. 높이를 강조한 대표적인 머리모양. 원래는 테를 떼어서 위를 향하게 한 타운웨어 취향의 모자의 호칭이었다.

표현(expression) : 심적 상태와 정신적, 주체적인 것을 외면적, 감성적 형상으로 나타내는 것. 창작의 근본작용으로, 내적인 표현을 예술적 형식의 결정체로 만드는 점에서 표출과 구별되어 사용된다.

플렛 컬(flat curl) : 납작하게 맨 살갗에 살짝 붙는 컬.

프로세스(process) : 과정, 순서.

프로포션(proportion) : 부분과 부분, 부분과 전체 길이의 비 등의 수량적 관계.

프로필(profile) : 옆얼굴, 측면관, 약력.

프론탈(frontal) : 앞의, 이마의 , 전두골

프런트(front) : 전두부.

플립(flip) : 어깨까지 오는 머리를 밖으로 말아 웨이브가 밖으로 지도록 한 머리모양이다. 가끔 앞머리를 뱅스타일(bang style)로 자르기도 한다.

피그테일(pigtail) : 양 옆으로 땋아 끝을 리본으로 장식하는 것으로, 주로 소녀들의 머리 모양이다.

피봇 포인트(pivot point) : 컬의 기점. 회전하는 포인트. 피봇은 선회축, 급소, 중심점, 회전하다 의 의미.

핑거웨이브(finger wave) : 기름 바른 머리를 손가락으로 눌러서 웨이브를 만든 짧은머리 스타일로, 흔히 보비 핀(bobby pin)으로 머리가 마르기 전에 고정하여 웨이브를 만든다. 1930년대와 1970년대에 유행하였다.

(ㅎ)

하모니(harmony) : 조화, 화합.

하트 브레이커(heart breaker) : 17세기, 남성을 힌트로 프랑스 궁정의 여성 사이에서 유행한 머리모양. 러브 록과 함께 유행함. 옷깃에 걸치는 애교머리. 좌측 사이드의 머리를 일부분 길게 늘어뜨린 것.

헤드 라인(head line) : 두부 표면의 외곽선

햄 라인(hem line) : 머리가 나기 시작한 선.

헤비(heavy) : 무거운. 모량이 많은 느낌.

헤비 사이드(heavy side) : 파트를 나눈 경우, 머리 양이 극단적으로 많은 쪽을 가리킨다.

헤어 네트(hair net) : 머리의 흐트러짐을 방지하는 네트(그물).

헤어 모드(hair mode) : 머리 모양의 유행.

헤어 세팅(hair setting) : 머리카락을 특정의 위치, 상태에 놓는다는 것.

헤어 세트 (hair set) : 남 · 녀 머리모양을 만드는 양식의 총칭. 머리모양은 신체를 장식하는 하나의 방법으로 얼굴의 형태나 유행(fashion)에 따라 여러가지로 모양이 변화한다. 고대 이집트시대부터 현재에 이르기까지 여러 가지 모양이 있었데, 고금을 통하여 남자보다 여자가 더욱 복잡하고 장식방법도 다양하다.

헤어 쉐이핑(hair shaping) : 정발기술

헤어 피스(hair piece) : 머리의 일부분에 붙이는 가발. 붙임 머리.

형태(form) : 디자인의 외형이나 윤곽선. 디자인의 3차원 모양.

호리존탈 웨이브(horizontal wave) :호리존탈은 지평선, 수평선의 의미. 웨이브의 릿지가 수평으로 되어있는 것.

호스존탈 슬라이스(horizontal slice) : 수평 슬라이스

히피 스타일(hippie style) : 히피는 기성세대의 제도나 관습에 부정적인 젊은이들의 집합을 말함. 1960년대 후반, 미국에서 일어남. 장발에 비전통적 복장, 반문명적인 행동이 특징.

찾아보기

INDEX

집필진

이혜정(명지전문대학교)
강미영(대구산업정보대학교)
김서희(광주여자대학교)
왕혜자(천안연암대학교)
이부형(창원문성대학교)
장미라(목포과학대학교)
정민자(경남도립거창대학교)
최소영(신성대학교)
황 현(강릉영동대학교)
김영미(전남과학대학교)
국지연(전남과학대학교)
김세욱(안산대학교)
유현주(원광보건대학교)
이수경(구미1대학교)
장진미(장안대학교)
지정훈(광주대학교)
최연희(오산대학교)
강명주(명지전문대학교)
김계순(대동대학교)
손지연(공주영상대학교)
이대천(부산정보대학교)
장경옥(김천대학교)
정년구(선린대학교)
진용미(서경대학교)
함미영(인천재능대학교)

C.C.C. UP STYLE

2004년 11월 20일 초판발행
2011년 9월 10일 개정판발행

지은이 : 이혜정, 김영미, 강명주, 강미영, 국지연, 김계순
김서희, 김세욱, 손지연, 왕혜자, 유현주, 이대천
이부형, 이수경, 장경옥, 장미라, 장진미, 정년구
정민자, 지정훈, 진용미, 최소영, 최연희, 함미영

메이크업 : 강은주 · 이문주

펴낸이 : 이상태

펴낸곳 : 청구문화사

주 소 : 120-831 서울특별시 서대문구 연희 1동 436-1

전 화 : 02-332-0541(代) 전 송 : 02-337-9577

등 록 : 1990년 11월 2일 제9-247호

가격 35,000원

ISBN 978-89-5616-468-7 93590